Hunde erziehen

mit dem Rudelkonzept

ULI KÖPPEL

Hunde erziehen

mit dem Rudelkonzept

Mitarbeit: Astrid Englmeier

Der Weg zu einer vertrauensvollen Beziehung

Was Sie in diesem Buch finden

Die Natur als Vorbild für ein vertrauensvolles Miteinander

Der Urvater unserer Hunde ist der Wolf. Sein verhaltensbiologisches Grundinventar tragen alle Hunde tief in sich. Lernen wir, den Wolf zu verstehen, erkennen wir damit das wahre Wesen unserer Hunde.

Problemfall Hundeerziehung

Seit vielen Jahren höre ich von Menschen, die sich häufig in einer angespannten Situation mit Ihrem Hund befinden, immer wieder die Aussage:
»Eigentlich möchte ich doch nur, dass ich mit meinem Hund ohne Leine überall hingehen kann, ohne dass ich mir immer wieder Gedanken machen muss: Was wird wohl als Nächstes passieren?«
Dies bringt sehr schön zum Ausdruck, was tief in uns und unseren Hunden angelegt ist: der Wunsch, sich gegenseitig vertrauen zu können und gemeinsam durchs Leben zu gehen. Auch Hundehalter, die sich gerade einen Welpen in ihr Heim geholt haben und an mich wenden, erklären mir zwar zuerst, dass sie ihrem Hund nur »Sitz«, »Platz« etc. beibringen möchten, aber im weiteren Verlauf des Gesprächs kommen sie meist zu der Erkenntnis: »Ich wünsche mir für die Zukunft einen vierbeinigen Partner an meiner Seite, auf den ich mich verlassen kann.«
Diese eigentlich vollkommen natürliche Erwartungshaltung unseren Hunden gegenüber wird leider häufig enttäuscht. Zumindest empfinden wir Zweibeiner das so, wenn z. B.

Ein zuverlässiger Partner an der Seite des Menschen – gegenseitiges Vertrauen erzeugt gegenseitige Akzeptanz.

der Hund beim Spaziergang lieber dem nächstbesten Hasen hinterherrennt, als uns zu folgen. Oder sich wie wild gebärdet, wenn er während einer Autofahrt auf dem Gehweg einen Artgenossen sieht. Diese Reihe der »Fehlbarkeiten«, mit denen uns so ein(e) »Flegel(in)« das Leben schwer macht, ließe sich unendlich fortsetzen.
Auch bei Herrchen und Frauchen, die an der Leine von so einem »Rambo« hinterhergeschleift werden, gewinnt man schnell den Eindruck, es handle sich hier wohl eher um ein Gegeneinander als um ein Miteinander. Sehr eindrucksvoll ist dies auch immer wieder in Tierarztpraxen zu beobachten. Was hier oft aufgeboten wird, um eine simple Tollwutimpfung über die Bühne zu bringen, stellt den Beobachter zuweilen vor die Frage: Soll man nun lachen oder weinen? Lachen deshalb, weil es für Außenstehende so kurios anmutet, was sich ereignet. Weinen deshalb, weil es genau genommen traurig ist, dass aufgrund der Hilflosigkeit des Menschen ein sich wehrender Hund kraftvoll (bei großen Hunden zumeist mit mehreren Helfern) gebändigt werden muss oder eine Sedierung vor der eigentlichen Behandlung bekommt, weil das Vertrauen ineinander fehlt. Eigentlich ein Wunder, dass an den Anmeldeschaltern beim Tierarzt nicht Ohrstöpsel ausliegen, gebrauchen könnte man sie allemal. Dennoch möchte ich wetten, dass sich auch diese Hundehalter von dem Wunsch nach der Treue Ihres Vierbeiners insgeheim nicht verabschiedet haben.
Sie, liebe Leserinnen und Leser, beginnen mittlerweile wohl auch, sich die Frage zu stellen: Woher kommt es, dass hier scheinbar etwas schiefläuft? Man trifft sie doch immer wieder mal auf dem Spazierweg, die Mensch-Hund-Teams, bei denen alles harmonisch abläuft, und die Hunde, die sich ruhig und entspannt von Onkel Doktor Blut abnehmen lassen oder geduldig dahindösend auf ihre Spritze warten!

Prolog

An einem lauen Frühherbstabend sagte Eberhard Trumler zu mir: »Alles, was wir über Hunde, deren Verhalten oder besser ausgedrückt deren Psychologie bis jetzt wissen, ist nicht sehr viel. Es würde jedoch ausreichen, um uns Menschen, also Hundehalter, auf ein Niveau zu bringen, artgerecht und ernsthaft mit dem Hund zu kommunizieren und ihn zu erziehen!«
Seine letzten Gedanken, seine Hoffnung und sein Bestreben waren es, dass jeder Hundehalter, so er denn will, die Sprache des Hundes und das hündische Erziehungsmodell übernimmt und nachahmt. Für eine bessere Hundewelt.
Das ist auch mein größter Wunsch. Vielleicht kann dieses Buch etwas dazu beitragen.

Hilflosigkeit macht ratlos

Aus meiner Sicht beginnt die Schieflage schon damit, dass der Mensch nicht genau weiß, was er von einem Hund erwarten darf, d. h. was dieser an sozialer und intelligenter Kompetenz zu leisten vermag. Das erkennt

Wenn der Hund seinem Menschen vertraut, wird er in jeder Situation folgen.

man auch daran, dass Ratlosigkeit aufkommt, sobald sich der Vierbeiner anders verhält, als sich der Mensch das vorstellt. Danach folgen Vermeidungsstrategien.

Eine davon ist, den Hund nicht mehr von der Leine zu lassen, weil man nicht weiß, wie man ihn im Falle eines Falles wieder einfangen soll. Oder bei Auto-Randalierern wird eine Box fürs Auto gekauft in der Hoffnung, dass damit das Übel verhindert werden kann. Im schlimmsten Falle muss der Hund, der einst in der frommen Hoffnung angeschafft wurde, einen liebevollen Begleiter »durch dick und dünn« zu haben, zu Hause bleiben und warten, bis die Familie vom Sonntagsausflug zurück ist.

Gehört auch eine Katze zur Familie, muss eine Lösung dafür her, dass diese nicht zu Tode gejagt wird (während die Vase von der Anrichte rutscht und auf dem Boden zerschellt) oder von ihrem eigenen Futter nur noch einige Restkrümel abbekommt. Hoffentlich hat auch noch jemand daran gedacht, alle Lebensmittel gut wegzuräumen, denn die liebevoll gebackene Torte möchten Vater, Mutter und Kind schließlich selbst essen. Und was, wenn Lumpi diesmal wieder eines der Sofakissen zerpflückt? ... Vielleicht besser doch einen Zwinger bauen?

Genug der in unserem Falle eher harmlosen Beispiele, die Realität sieht häufig wesentlich drastischer aus. Was also darf man von einem Hund an sogenanntem gutem Benehmen erwarten? Und allem voran: Was erwartet unser Vierbeiner von seinem Menschen?

Das Handwerk der Natur verstehen

Um dies zu verstehen, müssen wir zurückschauen. Wir müssen vergessen, dass wir in einer urbanen Zeit und Welt leben, und in Gedanken rückwärts wandern zu einer Epoche, in der die Vorfahren unserer Hunde, die Wölfe, noch in ihrem natürlichen Umfeld lebten. Denn hier, in der Vergangenheit, finden wir die Erklärung dafür, welches verhaltensbiologische Gut unsere Hunde noch heute in sich tragen. Egal, welcher Rasse sie angehören.

Wenn Sie einen Jack-Russell-Terrier haben, der Onkel Otto bei seinen seltenen Besuchen jedes Mal ans Hosenbein geht, jedem Fahrrad oder Moped wie ein Torpedo kläffend hinterherschnellt, und Sie von einem fachkundigen Menschen zu hören bekommen, bei dieser Rasse sei das eben so – hören Sie am besten gar nicht hin. Das ist nämlich schlicht und ergreifend falsch. Ebenso wie die Aussage, Golden Retriever seien grundsätzlich kinderlieb. Dann gibt es noch die Annahme, Rottweiler, die mit schäumendem Maul und wildem Geknurre dem Postboten den Weg zur Haustüre verstellen, hätten dies eben im Blut. Auch hält sich hartnäckig die Mär von den Schlittenhunden, die, von der Leine gelassen, immer nur laufen wollen bis zum Umfallen.

Wer in der Lage ist, diese Binsenweisheiten über das Benehmen unserer Hunde und das rassetypische Kategorisieren von Verhaltensweisen infrage zu stellen, hat schon einen großen Schritt getan.

Lassen Sie sich nicht von dem Image leiten, das man blonden, schwarzen, kleinen, großen, grauen, weißen ... Hunden übergestülpt hat, nur weil es irgendwelchen Geschäftemachern gut zupass kommt. Wieso sollte ein großer, schwarzer Hund grundsätzlich aggressionsbereiter sein als ein kleiner, flauschiger, weißer? Wieso sollte ein tapsiger, tollpatschiger Vierbeiner grundsätzlich liebevoller zu Kindern und Welpen sein als ein großer, drahtiger Kerl? Wären nicht z. B. große schwarze Hunde zur gleichen hingebungsvollen Brutpflege in der Lage wie flauschige, kleine Hunde, so gäbe es sie gar nicht, denn sie wären schon lange ausgestorben! Jeder Hund hat das Zeug dazu, ein »guter Typ« zu sein, auch der Ihre!

Langsame Veränderungen

Die verhaltensbiologischen Grundlagen (z. B. das Lernverhalten) einer hoch entwickelten Spezies samt Genetik ändern sich nicht innerhalb weniger Jahrzehnte. Veränderungen dauern wesentlich länger, z. B. in unserem Falle beim Wolf/Hund etwa 100 000 Jahre.

Zusammenhalt zum Wohle des Ganzen

Die Nachkommen und damit im weiteren Sinne das Überleben und der Fortbestand des Rudels sind der Dreh- und Angelpunkt im Leben eines Wolfes. Das Leben weiterzugeben und zu bewahren steht über allen Interessen des Individuums. So hat das die Natur bei allen familiären Wesen, wie es Wolf/Hund und Mensch sind, vorgesehen. Darauf fußen alle in einem

Der Hund ist ein Familientier – egal, ob groß, klein, blond, schwarz ...

In einer Wolfsfamilie herrschen klare Regeln für ein friedliches, harmonisches Familienleben.

Familienverband akzeptierten Verhaltensweisen. Was von der Gemeinschaft nicht akzeptiert wird, sind Handlungen, die in letzter Konsequenz den Fortbestand aller gefährden könnten. Die Natur verlangt nicht nach Heldentum eines Einzelgängers, sondern nach sozialem Zusammenhalt zum Wohle des Ganzen. Lesen Sie die letzten Zeilen ruhig ein zweites Mal und versuchen Sie, ein Gefühl dafür zu bekommen, was dies bedeutet. Leider haben wir Menschen uns vor der tiefen Achtung und Bewahrung des Lebens, auch wenn es persönliche Opfer fordert, oftmals viel zu weit entfernt. Viel zu verlockend erscheint uns die große, weite Welt der Stars ... Für unsere Hunde gilt das nicht! Für sie bedeutet nicht ein dickes Bankkonto Gewähr für die Zukunft, sondern eine verlässliche Familie, so wie es seit Urzeiten war. Konstante soziale Bindungen sind, wenn Sie so wollen, die beste Lebensversicherung in einem Rudel.

Welches Regelwerk detailliert in einem Rudel umgesetzt wird, hängt von dem Kontext ab, in dem das Rudel lebt. So ist eine Wolfsfamilie in rauen klimatischen Verhältnissen anderen Gegebenheiten ausgesetzt als eine in gemäßigtem Klima. Wie anpassungsfähig dieses System des Zusammenlebens ist, sehen wir daran, dass wir heute Hunde um uns haben. Wäre dies nicht der Fall, gäbe es sie schon lange nicht mehr. Daran erkennen wir auch, wie enorm leistungsfähig das soziale Lernverhaltensinventar unserer Hunde ist, das sie mit auf die Welt bringen.

Willkommen im Leben!

Erblickt ein Welpe »das Licht der Welt«, erblickt er wörtlich genommen erst einmal nichts, denn die Babys sind blind. Ihre Wahrnehmung ist eine komplett andere. Sie besteht aus Empfinden von Nähe, Wärme- und Bewegungsbildern sowie Geruchseindrücken. Ihre Mutter nimmt sie liebevoll in Empfang. Ihr ist es vollkommen egal, welche Farbe das Fell der Neuankömmlinge hat.
Sie legt auf ganz etwas anderes Wert. Würde man es platt formulieren, dass es ihr um die Vitalität der Jungen geht, wären wir jetzt schon wieder dabei, ihre Leistungsfähigkeit als Mutter in für uns Menschen gültige Schemata zu pressen.
Lassen Sie mich versuchen, es so zu beschreiben, wie ich das heute noch bei jeder Geburt wahrnehme: Als Mutter hat ihr die Natur eine Bandbreite an Sensoren mit auf den Weg gegeben, mit denen sie erkennen kann, ob ihre Nachkommen das Inventar »an Bord« haben, das sie brauchen, um im Leben bestehen zu können. Alles, was diesen Ansprüchen genügt, wird sie nach Kräften fördern. Ergibt ihre erste Prüfung der Neuankömmlinge jedoch ein negatives Urteil, wird sie nichts weiter unternehmen, um etwas am Leben zu erhalten, was aus ihrem Eindruck heraus nicht bestehen kann.
Wir Menschen behelfen uns stattdessen mit manch fragwürdigen Tests, wenn wir wissen möchten, wie es um die Lebenskraft eines Welpen bestellt ist, und schrecken nicht davor zurück, der Natur ins Handwerk zu pfuschen. Da werden Welpen von Hand aufgepäppelt, die in freier Wildbahn nicht überleben würden, weil sie einen genetischen Webfehler haben. Eine gute Mutter weiß, ob auch ein »Spätstarter«, der vielleicht zunächst nicht der eifrigste »Suchpendler« ist, das Zeug dazu mitbringt, später dem Rudel gute Dienste zu leisten. Sie ist nicht nur die, die das Leben weitergibt, sie ist auch die erste Schranke, die das neue Leben passieren muss.
Bevor es so weit kommen konnte, war sie es, die den Rüden ausgesucht hat, der seine Gene weitergeben durfte. Das konnte sie nur deshalb, weil sie sich als »Chef-Wölfin« qualifiziert hatte und damit dieses Vorrecht besitzt. Dabei wird auch deutlich, dass das

Der Hund ist biologisch betrachtet ein Nesthocker – so wie der Mensch.

Gerede um den Alpha-Rüden, den »Rudelführer«, falsch angelegt ist. In Wahrheit ist die oberste Wölfin diejenige, die das gewichtigste Wort im Rudel spricht. Was wäre der Leitwolf ohne seine Frau? Genau – eben *kein* Leitwolf! Sondern nur einer unter vielen.

Die ersten Tage und Wochen

Stellen Sie sich bitte einmal folgendes Bild vor: Eine Wölfin hat sich zur Geburt in eine geschützte Erdmulde zurückgezogen. Hier liegt sie nun. Dicht an sie gekuschelt die Welpenschar. In angemessenem Abstand um sie herum der Rest der Familie. Alle akzeptieren ihren Wunsch nach Distanz, trotzdem ist für sie logisch: Muttern braucht etwas zu futtern! Keiner in der Familie käme auf die Idee zu denken: Die soll mal sehen, wie sie alleine klarkommt. Zwar können widrige Umstände eine Wolfsmutter dazu zwingen, sich alleine mit den Kleinen durchschlagen zu müssen, doch in der Regel hilft da mindestens noch einer, der Papa – sonst gäbe es ja auch keine Welpen.

Während der Brutpflege vertraut die Wolfsmutter auf die Unterstützung der Familie.

Dem Rudel ist – ohne dass einer eine »Rede an das Volk« halten müsste – klar, dass es die frischgebackene Frau Mama in den nächsten Wochen mitversorgen wird. Das ist eindeutig soziales Verhalten im besten altruistischen Sinne! Keines der Rudelmitglieder rechnet sich aus, ab wann durch die Jungen so etwas wie ein »Return on Investment« einsetzt.

Da sind wir modernen Menschen innerartlich mitunter ganz anders gestrickt. Bei Menschenkindern wird von der Gesellschaft sehr wohl errechnet, wie viele Rentner sie später hoffentlich ernähren können. Und ob man es sich leisten will, eine horrende Summe in die Aufzucht und Pflege von Kindern zu investieren, oder ob man das liebe Geld nicht besser in Weltreisen oder Immobilien anlegt. Vielleicht fällt es uns deshalb so schwer, die soziale Leistungsfähigkeit unserer Hunde richtig einzuschätzen.

Die frischgebackene Wolfsmutter hat von ihrem Rudel nicht die Zusicherung auf »Mutterschutz« eingeholt, bevor sie trächtig wurde. Sie vertraut auf die Familie, und für die ist es im Gegenzug selbstverständlich, das Ihre dazu zu tun, dass das Rudel weiterbestehen kann.

haben ein sehr hoch
system.

ildet gesundes Erbgut die
erhalten gelingen kann,
so wichtig, bei der Zucht
Sinne einer natürlichen
ssen. Dennoch sind das
n hoch entwickeltes Um-
der Erwachsenen die
etzungen dafür.
in ihrer Macht steht, dass
n. Traut sich jemand auch
her an das Wurflager, als
ichtig hält, wird er konse-

Soziales Verhalten wird nicht über die Gene weitergegeben, es ist größtenteils erworben,

quent vertrieben. Auch dass dies vom Rudel akzeptiert wird, zeigt deutlich, wie gefestigt

Die Mutterhündin tut alles, was sie kann, damit die Welpen gedeihen. Sie ist der Dreh- und Angelpunkt jeder Hundefamilie.

ihre Stellung ist. Spielen die Witterungsverhältnisse einen Streich und es wird zu nass im Wurflager, so wird sie nach Alternativen suchen, eine trockene Lagerstatt für sich und ihre Kinder finden bzw. bauen, und falls die Kleinen noch nicht in der Lage sind, selbst dorthin zu gelangen, werden sie von ihr im Fang dorthin verbracht.

Das Erwachen der Sinne

So um den 16./17. Lebenstag ist der Sehsinn entwickelt, und auch das Gehör funktioniert schon ganz gut. Damit kommt Leben in die Bude und auch die Fortbewegungsmöglichkeiten nehmen zu. Rutschten die Kleinen in den Tagen davor noch auf ihrem Bäuchlein hin und her, so sind inzwischen die Gliedmaßen so gewachsen, dass mit der nun einkehrenden Mobilität das Lager plötzlich zur Krabbel- und Kabbelgruppe wird.

Um den damit zusammenhängenden gesteigerten Energiebedarf zu decken, würgt die Mutter ab dieser Zeit halbverdautes Futter vor und ergänzt somit die Muttermilch. Die Kleinen stoßen mit ihren Nasen in den Mundwinkel, und schon erfolgt die »wunderbare Fut-

terbescherung«. Sie achtet sehr darauf, dass keiner zu kurz dabei kommt. Ab der dritten Woche dürfen die Jungspunde kleine Futterstückchen fressen, die sie von Frau Mama vorgelegt bekommen. Etwa zeitgleich bricht das Milchgebiss durch, und damit wird das Säugen der Welpenschar für sie zu einer zunehmend unangenehmeren Angelegenheit, die sie etwa ab der dritten bis vierten Lebenswoche der Sprösslinge im Stehen absolviert.
Mit dem Erwachen der Sinne beginnt eine neue Lebensphase, in der es für den Nachwuchs auch darum geht, sich mit den Geschwistern und Eltern zu arrangieren. So lernt ein Welpe, dass z. B. seine sonst so liebevolle Mutti vehement einschreitet, wenn er voller Neugierde an einem Knochen oder größerem Knorpel nagen möchte. Dies könnte eine Gefahr für den Kleinen sein, und da gibt es für sie kein »Wenn und Aber«: Verhaltensweisen, die den Fortbestand gefährden, werden sofort konsequent reglementiert. Auch wenn sich ein neugieriger Weltenentdecker zu weit vom Lager entfernen möchte, wird er umgehend wieder zurückgeschubst.
Mit Erziehung, wie wir sie verstehen, hat das noch nichts zu tun, denn ansonsten genießen die Sprösslinge Narrenfreiheit und dürfen sich Vorwitzigkeiten erlauben, die später nicht mehr geduldet werden. Doch lernen so die Nachkommen etwas, was später immer deutlicher zu erkennen sein wird: Der Zustand, in dem man etwas verwehrt bekommt, auch wenn man es nicht versteht, ist zwar nicht so toll, aber der Moment danach, wenn alles wieder gut ist, ist wunderbar und wird als positiv empfunden.

Wir Menschen kennen das auch. Es passiert uns ein Fehler, wir werden mehr oder weniger sanft darauf hingewiesen und sind erleichtert, wenn wir unseren Fauxpas wieder korrigiert haben.

Vierte bis achte Lebenswoche

In dieser Zeit erfolgt auch die Prägung auf den Artgenossen. Ab der vierten Lebenswoche ist zudem schon sehr schön zu erkennen, wie sich die Welpen von ihrem Temperament her unterscheiden. Die einen sind richtige Draufgänger, andere wiederum eher die geduldigen »Aussitzer«, wenn es um die besten Stücke beim Fressen geht. Auch die Drohmimik ist mitunter schon stark ausge-

Auch das Spiel mit den Erwachsenen ist Teil des Erziehungsprogramms der Wolfswelpen.

prägt, ebenso der Einfallsreichtum, wenn es darum geht, die anderen zu überlisten.
Bis zur achten Lebenswoche ist aus Sicht der Welpen Sozialverhalten etwas, was nur dann schön ist, wenn man selbst davon profitiert. Ansonsten lassen sie derartige Ansätze nur dann erkennen, wenn sie das für nützlich erachten. Über allem, auch den Kontakten zu Papa und dem Rest des Rudels, wacht bis dahin mit Argusaugen die Frau Mama, und bis zu diesem Zeitpunkt überlässt sie auch, wenn sie selbst frisst, den Kindern das eigene Futter, wenn diese das möchten.

Bis zur 8. Lebenswoche leben die Welpen auf dem Ego-Trip.

Der Papa kommt ins Spiel

Obwohl der Folgetrieb sehr stark ausgeprägt ist, laufen bei Ausflügen rund ums Lager die Kleinen nur so weit mit, wie sie von den Eltern aufgefordert werden. Ohne Aufforderung bleiben sie zurück und warten auf die Rückkehr.
Bis etwa zur siebten Lebenswoche ergab sich das gemeinsame Spiel mit der Mutter aus den Wach- und Schlafenszeiten und der Spiellust der Kleinen. Nun verändert sich etwas – Mama bestimmt zunehmend deutlicher, wann und wie wild gespielt wird. Auch wenn manch einer gerne weiterschlafen würde – wenn Spielen angesagt ist, wird gespielt. Und siehe da: Die Chefin fordert plötzlich den Papa, der bis dahin von ihr immer wieder vom Lager weggeknurrt wurde, zum ausgelassenen Toben auf! Dies wird im Laufe der folgenden Tage zu einem fröhlichen gemeinschaftlichen Familienspiel.
Und ehe sich alle versehen, zieht sie sich aus dem regen Treiben zurück und überlässt fortan die meisten Aufgaben im Hinblick auf die Sprösslinge dem Chef. Ihm gebührt ab sofort die Hauptverantwortung für die Erziehung der Nachkommen.
Der Milchfluss versiegt, und damit tritt ab der achten Lebenswoche der Herr Papa als Bezugsperson in Erscheinung. Von der Mutter darauf vorbereitet, lernen sie nun von ihm, ihren Egoismus aufzugeben und dass gemeinsames Tun ein größeres Erfolgserlebnis darstellt, als sich selbst als den Mittelpunkt der Welt zu sehen. Die Welpen müssen lernen, sich in jeder Situation sozial kompetent zu verhalten.

Bindungen verändern sich

Mit der Lösung der ausgeprägten Mutterbindung wird auch eine erste Lösung der Bindung an die Wurfgeschwister erkennbar. War vorher das Kontaktliegen für sie noch essenziell, so schläft man nun zunehmend alleine, je nach Rangordnung. Der ranghöchste Welpe sucht die Gesellschaft des Vaters und der rangniederste den Körperkontakt zu einem Geschwisterchen, an das man sich zum Schlafen kuscheln möchte. Nun ist es aber so, dass die Autorität des Papas auch beinhaltet, darüber zu befinden, wann wer wie nahe bei ihm sein darf, und so wird es als Privileg empfunden, möglichst nahe bei ihm zu liegen. Es wäre unter seiner Würde als Oberhaupt, wenn einer seiner Zöglinge darüber entscheiden dürfte, wann Körperkontakt zu ihm aufgenommen wird. Dies würde ihn auch in den Augen des Rudels als Vorbild schwächen. So erfüllt es jedes Familienmitglied mit Stolz, wenn er sich mit ihm wohlwollend beschäftigt, und alle sind zufrieden, wenn er zusammen mit seiner Frau über die Ordnung wacht. Dies gilt auch für das Einhalten der Fressordnung.

Familienmitglieder mit Erziehungsqualitäten werden nach und nach mehr mit einbezogen und helfen mit, das Treiben der Sprösslinge in die richtigen Bahnen zu lenken. Sie geben dabei ihre eigenen Erfahrungen, z. B. was Gefahr bedeutet, an ihre jüngeren Geschwister weiter und wachen mit über das Wohlergehen der Brüder und Schwestern. Auch sie kennen kein Zögern, wenn es darum geht, einen vorwitzigen Kleinen davon abzuhalten, z. B.

Ab der 8. Lebenswoche beginnt die planvolle Erziehung – auch bei den Wölfen.

einen giftigen Pilz oder eine verbotene Pflanze zu fressen. Sie unterstützen mit ihrem Verhalten, dass die Jungen lernen, geduldig an einem zugewiesenen Platz zu warten und sich ruhig zu verhalten, solange es angezeigt ist. Nicht nur durch den Chef, sondern durch das gesamte Rudel lernen die Kleinen, wann es angebracht ist, sich zu unterwerfen, und dass der Einsatz der spitzen Zähnchen ab einem bestimmten Alter kontrolliert erfolgen muss. Ohne das Erlernen der Beißhemmung würden sich die Familienmitglieder gegenseitig auslöschen. Auch die Fähigkeit zum adäquaten Umgang mit Aggressionen will erworben werden.

Je jünger die Welpen sind, desto spielerischer erfolgt die Weitergabe von Regeln. Doch die Zeit vergeht wie im Flug, und bereits im Alter von ca. fünf bis sechs Monaten werden die Welpen, die nun zu Junghunden geworden

Das älteste Lernprinzip

Für den Menschen gibt es viele Möglichkeiten zu lernen. In der Natur hat sich vor allem folgendes Prinzip durchgesetzt: Vom Erfahrenen lernen – auch das uralte Lebensmotto einer intelligenten Spezies, des Wolfs.

sind, über weite Strecken als Jagdbeobachter mitgenommen. Schließlich muss auch das Jagen mit finaler Tötung erlernt werden. Damit dies klappt, bedarf es höchster Disziplin vonseiten des Nachwuchses, denn bei unangebrachtem Verhalten stünde nicht nur der Jagderfolg für alle in Frage, sondern im schlimmsten Falle auch das Überleben des Einzelnen und des Rudels. Passierte z. B. bei der Jagd auf eine Elchherde ein durch undiszipliniertes Verhalten ausgelöster Zwischenfall, könnten ein oder mehrere Familienmitglieder unter die Hufe oder vor die Schaufeln flüchtender Beute kommen. Und jeder Verlust bedeutet einen derben Schlag für die gesamte Familie.

Praktisches Überlebenstraining

Nehmen wir einmal an, einer unserer Jungwölfe, die angehalten sind, in sicherem Abstand ruhig zu verharren und bei der Jagd zuzusehen, entschließt sich plötzlich, zu den Alten zu laufen, weil er einfach auch mitten im Getümmel sein möchte und ihm das Zusehen nicht ausreicht. Die Herde erschrickt und trampelt den Wolf tot, der am schnellsten

Durch ausgelassene Balg- und Raufspiele werden beim Wolf die Beißhemmung und Jagdsequenzen erlernt.

Der Erfahrene gibt sein Wissen an die Nachkommen weiter; körperliche und mentale Fähigkeiten werden trainiert.

erkannt hatte, welches Tier sich am leichtesten von der Herde abtrennen lässt. Ein paar andere Wölfe erleiden Verletzungen verschiedener Schweregrade. Das Rudel muss sich schleunigst ins sichere Lager zurückziehen. Dabei büchst ein anderer der Junghunde aus nach dem Motto »geht ihr schon mal vor, ich muss hier noch schnüffeln, und wenn ich fertig bin, komme ich schon nach ...«. Auf dem mitunter kilometerlangen Weg zurück verliert er erst einmal kurzzeitig die Orientierung und stößt erst viel später wieder zu den anderen. Mit etwas weniger Glück wäre auch er verloren gewesen. Unterwegs ist ein weiteres Familienmitglied, das zu schwer verletzt war, liegen geblieben, weil es die Kräfte verlassen haben.

Der momentane Schaden im Rudel ist groß und potenziert sich im weiteren Verlauf. Der zukünftige Jagderfolg ist infrage gestellt, hat man doch zwei Rudelmitglieder verloren, einer davon war der Spezialist. Diesen zu ersetzen wird nicht leicht sein, denn bis ein Nachfolger an seiner Stelle eingearbeitet ist, vergeht Zeit. Das bedeutet Hunger, und den haben sowieso alle, denn diese Jagd blieb erfolglos. Außerdem müssen die Verwundeten erst wieder einsatzfähig sein. Und wenn es richtig schlimm läuft, ist es gerade klirrend kalt oder eine Dürreperiode durchzieht das Land, was bedeutet, dass es auch keine Beeren oder Mäuschen zu fressen gibt. Das ist schon hart für die gesunden Familienmitglieder; bei den Verletzten verzögert es die Genesung noch mehr.

Kleine Ursache – große Wirkung

Wenn wir uns einmal ansehen, welche Vergehen der Jungwölfe hier vorliegen, wird uns klar, wo wir bei unseren Hunden betriebsblind sind. Der »Ich-will-dabei-sein«-Kandidat hat das getan, was die meisten Hundehalter bei ihren Vierbeinern als selbstverständlich ansehen: Er hat selbst bestimmt, wann er sich von einem ihm zugewiesenen Platz entfernt, und ein Kommando seines Herrchens oder Frauchens missachtet.

Der »Ich-muss-erst-noch-schnüffeln«-Kandidat findet seinen Menschen nicht wichtig genug, um ihm zu folgen. Er ist der Meinung, dass er selbst auf sich aufpassen kann, und stellt seinen Explorationswillen über den Zusammenhalt und die Gemeinschaft mit Herrchen bzw. Frauchen. Dass beide Kandidaten ihr Fehlverhalten und das Nichtanerkennen der Autorität das Leben kosten könnte, findet in ihrer Vorstellung nicht statt. Und schlimmer noch: Andere könnten dadurch zusätzlich gefährdet werden.

Viele Hundehalter finden solches Verhalten noch nicht einmal bei erwachsenen Hunden überdenkenswert, geschweige denn bei Junghunden. Bei den pubertierenden Hunde-Teenagern denken viele, sie könnten dies aufgrund ihrer Jugend noch gar nicht leisten, und bei ausgewachsenen Tieren ist man es dann bereits so gewohnt, dass man entweder gar nicht mehr großartig darüber nachdenkt oder keine Strategien entwickelt hat, um den Hund in irgendeiner Form entsprechend zu sichern oder zu verwahren.

Wozu gibt es schließlich Flexileinen, Stachelhalsbänder, Schleppleinen, Sprühhalsbänder, Hundeboxen fürs Auto und immer öfter auch für den Wohnraum? Und wenn Sie anfangen, darüber nachzudenken, was Sie gerade gelesen haben, dann weiten Sie dies am besten auch gleich auf den Einsatz von Leckerlis und Clicker aus. Auch so etwas gibt es im Rudel nicht.

Vielleicht geht Ihnen aber auch durch den Kopf, welch hoch entwickeltes System des Zusammenwirkens in einem Rudel gegeben sein muss, dass eine Jagd erfolgreich verlaufen kann. Angesichts der Gefahr, die jede Jagd in sich birgt, bleibt für das Überleben in freier Wildbahn gar keine andere Alternative. Auch die Beute will überleben, ihre Jungen großziehen, und hat Strategien zur Abwehr von Feinden und zum Schutze der eigenen Nachkommen entwickelt. Wenn Sie sich einmal vorstellen, um wie viel größer häufig die Beute im Vergleich zum Wolf ist, bekommen Sie ein Gefühl dafür, welche Arbeit bei einer Jagd geleistet wird und wie viel über Generationen weitergegebenes Wissen dafür nötig ist. Ein Wolf, der darauf angewiesen wäre, all diese Erfahrungen selbst zu sammeln, würde wohl kaum so lange überleben! Sich mit Häschen, Mäusen etc. über Wasser zu halten ist ausgesprochen mühevoll – und außerdem kann er nicht überall sein. Wer vorne läuft, kann hinten nicht treiben, und umgekehrt kann der, der treibt, nicht der Beute den Weg von der anderen Seite abschneiden. An dieser

Stelle möchte ich Sie noch einmal an eine Textpassage auf einer der vorhergehenden Seiten verweisen:

Die Natur verlangt nicht nach Heldentum eines Einzelgängers, sondern nach sozialem Zusammenhalt zum Wohle des Ganzen.

Aber zurück zu unseren Jungwölfen, die die Jagd aus der Entfernung verfolgen: Wie sollten sie jemals lernen, wie sie sich bei der Jagd nützlich machen können, wenn nicht durch Zusehen und späteres Absolvieren von zugewiesenen Aufgaben?
Würden Wölfe so handeln wie viele Hundehalter und undisziplinierte »Ich-will-dabei-sein-Kandidaten«, die stören, einfach in eine Box sperren oder alternativ ins Wohnzimmer, dann wäre innerhalb kürzester Zeit die Spezies ausgelöscht, weil keiner mehr übrig ist, der weiß, wie es geht.

Keine Rassen – nur Hunde

Würde stimmen, was man den unterschiedlichen Hunderassen aufgrund ihres Exterieurs an Charaktereigenschaften andichtet, dann müsste das bei unseren Wölfen so aussehen: Alle Wölfe mit sehr dunklem Fell sind die aggressiven, kampfbereiten Vertreter ihrer Art, die eher kurzhaarigeren begnadete Schwimmer. Die mit dem hellen Fell die anschmiegsamen und die gefleckten diejenigen, die besonders prädestiniert sind für die Brutpflege. Selbst wenn wir jetzt hergehen und die Attribute umordnen, sodass z. B. die dunklen

Das Aussehen des Hundes lässt im Allgemeinen keine Rückschlüsse auf seine Charaktereigenschaften zu.

Wölfe diejenigen mit dem besonders ausgeprägten Pflegetrieb sein sollen – es ändert nichts daran, dass dies eine Frage des jeweiligen Typs ist und nicht des Aussehens.
Begünstigt wird die Entwicklung der individuellen Anlagen auch von der Förderung durch das entsprechende Umfeld, also dem Menschen. Im Guten wie im Schlechten. Genauso funktioniert das in einem Rudel: Ein forscher, nach vorne drängender Typ wird sich instinktiv an einem Älteren orientieren, der sehr ähnliche Anlagen in sich trägt, und das Rudel wird seines dazu tun, um jedes Mitglied so einzubinden, wie es den individuellen Talenten am besten entspricht. Gleichzeitig bietet das für alle gleiche Regelwerk einen großen Freiraum, in dem körperliche und mentale Fähigkeiten trainiert und gefördert werden können.

Sehen wir uns ein paar verschiedene Charaktere an:

- Da haben wir den, der immer Angst hat, etwas zu verpassen, und beim geringsten Geräusch schaut, ob er gebraucht wird (»Bin schon da!«). Bei Erkundungsläufen immer ganz vorne mit dabei und ausgesprochen antrittsstark. Einer, der nur in der ersten Reihe richtig aufblüht, dem nicht so schnell die Power ausgeht. Ist er aber erschöpft, dann geht eine Weile nichts mehr.
- Dann haben wir seinen Bruder, der zuerst Informationen sammelt, um die Lage zu peilen: Lohnt es sich, jetzt schon loszulaufen, oder warte ich erst noch ab? Vielleicht ist es ja vollkommen unnötig, sich aufzumachen. Bei Erkundungsläufen ist er erst im Mittelfeld, später im vorderen Mittelfeld dabei, wenn denen an der Spitze langsam die Puste ausgeht, weil ihm langes Laufen nicht so viel ausmacht. Er legt ja nicht so großen Wert auf die Pole-Position; dafür ist

Jedes Familienmitglied eines Wolfsrudels gibt sein Bestes zum Wohle aller im Rahmen seiner individuellen Fähigkeiten. Hier bei der Beschaffung von Futter.

er neugierig, sammelt und speichert unentwegt Informationen. In unbekanntem Terrain findet er auch in tiefster Nacht und bei widrigsten Witterungsverhältnissen wieder problemlos zurück zum Lager.

- Dann ist da noch die Schwester. Eher zart gebaut, aber rotzfrech. Wenn sie in Rage gerät, funkeln ihre Augen, und wenn die kleinen Geschwisterchen dabei sind, Unfug zu treiben, weiß sie das scheinbar immer schon im Voraus. Dann reicht häufig ein ärgerlicher Blick, und die jüngeren Geschwister sind artig. Genauso scheint sie immer schon im Voraus zu wissen, wenn Gefahr im Verzug ist. Hat noch kein anderer auch nur den geringsten Laut vernommen, spitzt sie schon die Ohren oder stellt die Nase in den Wind.
- Nicht zu vergessen schließlich der stämmig gebaute Rüde, der immer hinterhertrottelt und das Schlusslicht bildet. Nur nicht unnötig in Bewegung geraten. Er läuft mit, wenn Mitlaufen angesagt ist. Und wenn es darum geht, Futter ins Lager zu tragen, kann er die schwersten Stücke transportieren, ohne abzusetzen. Bei Welpen bekommt er einen besonders zärtlichen Blick und hat die größte Ausdauer beim Spiel mit ihnen, auch wenn er sich sonst gar nicht gerne beim Schlafen stören lässt.

Jeder darf zeigen, was er kann

Die Fähigkeit eines Rudels, den harten Überlebenskampf zu bestehen, hängt nicht zuletzt von den hoch entwickelten individuellen Fähigkeiten der Mitglieder ab. Schon früh werden diese spielerisch und doch eingebettet in einen zielgerichteten, konsequenten Rahmen gefördert und im Laufe der Jahre gefestigt und erweitert.

Viele Menschen glauben, in einem Wolfsrudel käme es in erster Linie darauf an, stark und furchtlos zu sein und damit ein hohes Ansehen zu genießen. Das stimmt so nicht. Es ist die Vielfalt von Eigenschaften, die es braucht, um das Oberhaupt sein zu dürfen. Der Chef und die Chefin sind gereifte, in vielerlei Hinsicht kompetente Persönlichkeiten. Sie haben sich nicht nur durch die guten körperlichen Anlagen für dieses Amt qualifiziert, sondern auch durch eine ausgeprägte soziale und mentale Kompetenz. Das Wissen, das von den Alten an sie weitergegeben wurde, haben sie zur besten Zufriedenheit immer wieder umgesetzt. Sie haben sich als mental stark und zuverlässig im Sinne des Rudels erwiesen und sich durch das Erfüllen der ihnen zugewiesenen Aufgaben im Laufe der Jahre Achtung und damit Autorität erworben. Damit nicht genug – sie haben gezeigt, dass sie in der Lage sind, auch mit Unvorhergesehenem adäquat umzugehen.

Kein Welpe kommt zur Welt und beißt sich triebgesteuert zielsicher durch bis an die Spitze. Einen Despoten, dem es nur um sein eigenes Standing geht, kann kein Rudelverband gebrauchen, und die Hürden, die auf dem Weg nach oben genommen werden müssen, verhindern dies ohnehin. Man ist aufeinander angewiesen, und wer sich nicht zum Wohle aller nützlich macht, hat schlechte Karten. Deshalb herrscht in einer Wolfsfamilie

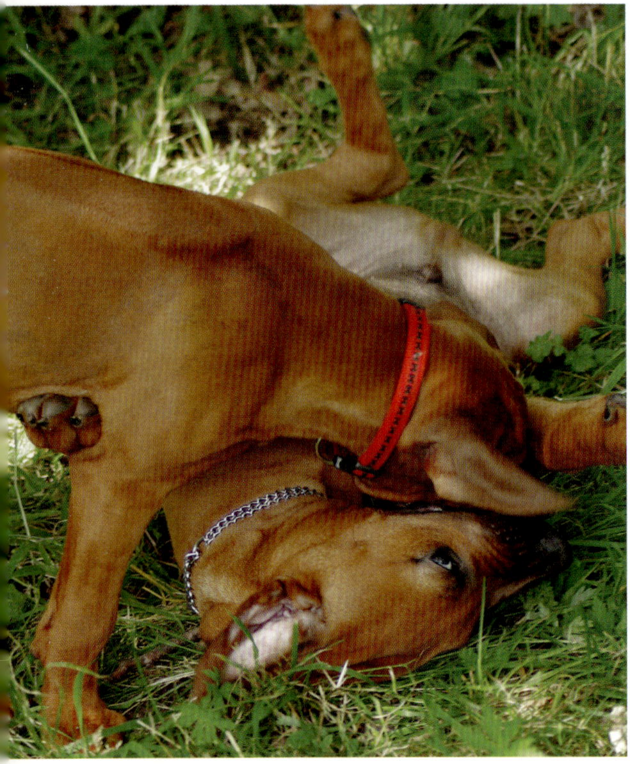

Das vom Vorbild Gelernte wird beim Geschwisterchen ausprobiert.

Der Mensch – ehrenwertes Vorbild oder nur ein Leckerlispender?

üblicherweise auch eine recht entspannte Stimmung. Durch die früh einsetzende Erziehung haben die Nachkommen gelernt, dass der Zusammenhalt wichtiger ist als der Einzelne, und dies, bevor sie aus körperlicher Sicht dazu in der Lage sind, tatsächlich Probleme im Rudel zu machen. Wenn sie mit etwa einem halben Jahr zum Beobachten der Jagd mitgenommen werden, sind sie körperlich noch nicht vollständig ausgereift und trotzdem sozial bereits so kompetent, dass sie wissen, wie sie sich zu verhalten haben. Die Halbstarken halten sich nicht deshalb an die Regeln, weil sie nicht genügend Flausen im Kopf hätten – sie achten die Grenzen, weil sie zu diesem Zeitpunkt bereits ihren Platz im Rudel kennen und den Alten ihre Ehrerbietung erweisen. Die Gemeinschaft bietet Rückhalt, und man möchte nichts lieber, als dazugehören und zeigen, was man selbst schon kann.

Beziehung Hund – Mensch

Vielleicht blicken Sie jetzt auf Ihren Hund und stellen sich die Frage, welchen Platz er in einer »richtigen« Hundefamilie inmitten der Natur einnehmen würde. Oder es geht Ihnen durch den Kopf, ob er tatsächlich deshalb bei Ihnen ist, weil er sich Sie – und nur Sie! – als »seinen« Menschen jeden Tag aufs Neue aussuchen würde, oder ob Sie von ihm nur umständehalber als Mitbewohner oder grandioser Leckerlispender angesehen werden.
Es kann auch sein, dass Sie beginnen zu überlegen, was Sie ihm in Ihrer gemeinsamen Zeit

alles gelehrt oder nicht gelehrt haben, und auch, mit welchen Mitteln.
Mag sein, dass Sie darüber nachsinnen, dass Sie ja einen Hund und keinen Wolf um sich haben. Das stimmt wohl, doch es ändert nichts an der Tatsache, dass er das wölfische Erbe tief in sich trägt und von Ihnen das Gleiche erwartet. Darf bzw. durfte er bis heute von einem erfahrenen, souveränen »Alten« lernen, der ihm aufzeigt, wo sein Platz ist? Konnten bzw. – wenn Sie einen Junghund haben – können Sie sich so auf ihn verlassen wie ein Rudel bei unseren vorgenannten Jagdbeobachtern? Fühlen Sie sich von ihm geachtet und im besten Sinne respektiert? Folgt er Ihnen zuverlässig, wohin Sie das möchten, ohne Halsband und Leine? Respektiert er Ihren Wunsch nach Ruhe und Distanz? Oder müssen Sie ihn mit Leckerbissen bestechen, damit Sie Aufmerksamkeit bekommen? Könnten Sie sich nun, nach allem, was Sie gelesen haben, vorstellen, dass in einer Wolfs- bzw. Wildhundefamilie der Chef oder ein anderer mit Fleischstückchen herumwedelt, um mit Interesse bedacht zu werden? Wohl nicht! Auch gibt es dort keine Hilfsmittel wie Schleppleinen, Halsbänder etc., die dazu verwendet werden, dass alle zusammenbleiben. Der Erfindungsreichtum des Menschen ist groß,

Relaxt Seite an Seite durch den Alltag in gegenseitigem Vertrauen.

wenn es darum geht, den »besten Freund des Menschen« an sich zu binden (im negativen Sinne des Wortes). Mindestens so groß wie die Hilflosigkeit, die herrscht, wenn es darum geht, eine echte Kommunikation und Verbindung zu einem Vierbeiner herzustellen. Eben eine Ver-Bindung im Positiven.

Lehren und Lernen

Eine gewachsene, stabile Beziehung zwischen Mensch und Hund basiert immer auf 2 Faktoren: dem wohlwollend Lehrenden und dem vertrauensvoll Lernenden.

Kinder und Welpen brauchen ein verlässliches Vorbild.

Orientierung am Vorbild

Was Menschen und Hunde verbindet, ist die hohe Bereitschaft, sich an einer Persönlichkeit zu orientieren, die man achtet. Darüber hinaus ist es der überlebensnotwendige Bindungswille, der uns und unseren Hunden in die Wiege gelegt wurde. Weder Hunde noch Menschen sind sofort überlebensfähig. Beide sind auf die »Alten« angewiesen. Je zuverlässiger diese Persönlichkeiten erlebt werden, umso mehr Vertrauen entsteht. Je mehr Vertrauen da ist, umso größer ist die Bereitschaft, von den Alten zu lernen und sowohl Ver- als auch Gebote zu achten. Auch um einem Vorbild zu gefallen, legen sich Menschenkinder und Hundekinder so richtig ins Zeug!

Wenn Kinder nur dann ihre Hausaufgaben machen möchten, wenn sie jedes Mal danach Gummibärchen bekommen, werden sie mit der Zeit immer größere Forderungen stellen und beginnen, ihre Eltern zu tyrannisieren. Nimmt man sie statt einer Belohnung als Kind mit seinen Bedürfnissen nach Anerkennung ernst und lässt sich interessiert zeigen, was gelernt und gemacht wurde, fährt der Zug auf dem richtigen Gleis. Sie lassen sich dann anleiten, und es kann sogar passieren, dass im Lesebuch ein paar Seiten mehr als nötig gelesen werden, weil man dem Papa erzählen möchte, wie die Geschichte ausging. Werden allerdings auch schlampige Rechenaufgaben gelobt, denkt der Nachwuchs: »Die Mama ist heute ganz schön blöde, die hat nicht mal gemerkt, wie ich die Aufgabe hingeschmiert habe. Ich glaube, die kennt sich manchmal gar nicht richtig aus. Dann kann ich das ja morgen wieder so machen.« Insgeheim weiß das Kind nämlich, dass es angesagt wäre, die Aufgabe noch mal sauber zu schreiben.

Das Pendant im Leben eines Welpen oder Junghundes könnte so aussehen: Sie haben ihm gesagt, er soll sich »Platz« legen, denn Tante Erna steht vor der Haustüre. Sie öffnen die Türe und schwuppdiwupp startet der Vierbeiner schwungvoll auf den Besuch zu und springt an ihm hoch. Mit viel Tamtam und Armgefuchtel wird Bello von Ihnen und Tante Erna unter vermeintlich beruhigendem Gestreichel dazu gebracht, von ihr abzulassen. Wie sieht das Bello? Er denkt bei sich: »Frauchen ist heute wieder mal ganz schön blöde, sie hat nicht mal gemerkt, dass ich nicht mehr ›Platz‹ mache. Dafür, dass ich Tante Erna so stürmisch begrüßt und mich doll bemüht habe, ihr die Lefzen zu lecken, haben sie total viel mit mir geredet und super schön meinen Kopf gestreichelt. Ist doch gut, dass ich nicht auf meinem Platz liegen geblieben bin.«

»Ich bin mit der Gesamtsituation nicht zufrieden!«

Spinnen wir den Faden weiter: Unser vorgenanntes Menschenkind landet irgendwann beim Nachhilfelehrer, und Bello wird vorzugsweise in der Küche eingesperrt, sobald Besuch kommt. Bei Beginn der Pubertät kann das dann so aussehen, dass der junge Mensch das Geld für den Nachhilfeunterricht beim Schuleschwänzen in Zigaretten umsetzt und bei anhaltend schlechten Noten die Schuld auf den Lehrer schiebt. Unser Jungspund Bello hat evtl. bis dahin gelernt, wie man Türen öffnet oder annagt, Essen vom Tisch klaut oder seinen Protest lautstark so zum Ausdruck bringt, dass das auch die Nachbarn schon kapiert haben. Und »an der Leine führen« lassen sie sich schon gar nicht – beide!

Sowohl der heranwachsende Mensch als auch der Hund bringen zum Ausdruck: »Ich bin mit der Gesamtsituation nicht zufrieden!« Kapieren die »Alten« nun immer noch nicht, was sie den Jungen schuldig geblieben sind, geht's häufig richtig rund!

Manche mögen jetzt sagen: »... aber ich kann doch nicht eins zu eins alles von den Hunden auf den Menschen übertragen und umgekehrt!« Dem möchte ich mit einigen Fragen begegnen: Wieso, glauben Sie, haben Mensch und Wolf irgendwann einmal zusammengefunden, wenn es nicht so viele frappierende Ähnlichkeiten gäbe? Warum ist uns denn der Hund näher als jedes andere Haustier? Weshalb wird der Hund nach wie vor als der »beste Freund des Menschen« bezeichnet? Die Werbung hat schon vor langer Zeit erkannt: Kinder und Hunde fördern den Verkauf. Warum ist das so? Weil beide in uns das Gleiche ansprechen.

Zurück zu unseren Wölfen. Wie sorgt der Rudelchef dafür, dass bereits weit vor der Pubertät alles klar ist? Und nicht nur das: Warum wird er auch noch dafür aufrichtig geachtet? Es geht schon damit los, dass er keine Zeit ungenutzt verstreichen lässt. Schon bei der Übergabe durch Frau Mama an den werten Herrn Papa kommt ein Faktor ins Spiel, der der natürlichen Auslese dient. Er nimmt die Kleinen mit einem »Tauglichkeitstest« in Empfang. Die Söhne und Töchter werden durch das ausgelassene Spiel auf körperliche Eignung überprüft. So kommt auch ans Tageslicht, wie sich die Jungen mental in dieser für sie vollkommen neuen Situation zeigen. Dabei erleben sie die körperliche Überlegenheit von ihm und dem Rest des Rudels ganz klar.

Was ebenfalls neu mit einfließt, ist die Achtung vor dem individuellen Distanzraum. Möchte Papa in Ruhe gelassen werden, gibt er das unmissverständlich zu erkennen, und der Nachwuchs wird darauf achten, diesen Raum unter keinen Umständen zu betreten, solange er das nicht möchte. Gleiches gilt für die restlichen Rudelmitglieder. Nahen Körperkontakt zum Chef zu haben ist eine Auszeichnung. Dürfte das jeder und jederzeit, so wäre es nichts wert. Das ist im Übrigen bei Ihrem eigenen Chef am Arbeitsplatz genauso.

Nur wenn der Mensch das Wesen des Hundes erkennt und versteht, gibt es ein harmonisches Miteinander.

Spielerisches Lernen

Länge, Art und Dauer des Spiels bestimmt der Chef. Auch den Zeitpunkt wählt er, wie er es für gut erachtet. So, wie ein guter Trainer nach und nach immer mehr Varianten ins Training einbringt, macht er das mit dem Spiel. Er fordert in wohldosierten Einheiten das Konzentrationsvermögen und die körperliche Fitness heraus. Auch tabuisiert er schon sehr früh Gegenstände, um seine Kinder auf Zuverlässigkeit zu testen.

So legt er ihnen einen Knochen direkt vor die Nase und beharrt darauf, dass keiner ihn anrührt. Funktioniert das, weitet er die Distanz aus, und irgendwann dreht er sich um und tut so, als interessiere ihn der Knochen gar nicht mehr. Damit überprüft er die Zuverlässigkeit seiner Familienmitglieder. Was glauben Sie: Trauen sich die Kleinen an den Knochen oder nicht, obwohl er weit davon entfernt ist, sogar außer Sichtweite? Richtig! Alle respektieren in seiner Abwesenheit das Tabu, und niemand fühlt sich dabei bevormundet oder gegängelt. Vielmehr sehen es alle als Zeichen der Stabilität und Sicherheit dafür an, dass der Alte alles im Griff hat.

Undenkbar auch, dass es Belohnungen im Sinne von Leckerlis oder Schmuseeinheiten direkt im Anschluss daran gibt, weil sie so schön artig waren. Die Belohnung für respektvolles Verhalten ist das gute Gefühl, in einem wohlgeordneten Familienverband zu leben. Hat man einen Fehler gemacht und wurde deshalb diszipliniert, hat sich anschließend aber einsichtig verhalten, dann ist die danach eintretende Entspannung das Beste überhaupt.

Hunde sind sehr gute Beobachter

Würde der Alte auf die Idee kommen, Belohnungen zu verteilen und ein Riesentheater zu veranstalten für etwas, das selbstverständlich ist, wäre er auf dem besten Wege, seine Autorität zu verlieren. Er würde sich damit anbiedern, und das wäre der Ausverkauf seiner Würde. So einer kann nicht ernst genommen werden, und in Windeseile wäre ein anderer der Chef.

Unseren Hunden wird nur zu gerne unterstellt, sie wären lediglich über sehr kurze Zeitspannen in der Lage, sich auf etwas zu konzentrieren, und könnten sich auch nicht länger als zwei Sekunden erinnern, was sie getan haben. Nach alldem, was Sie bis hierher über das Leben in freier Natur gelesen haben, glauben Sie solchen Unfug sicherlich nicht mehr. Fakt ist, dass unsere Hunde, genau wie die Wölfe, äußerst genaue Beobachter sind, und zwar 24 Stunden am Tag, sieben Tage die Woche.

Nicht aufmerksam zu sein ist gefährlich. Bricht das Rudel auf und zieht weiter, ist

Unsere Hunde sind lebenslänglich sehr aufmerksame Beobachter – sind wir das als Hundehalter auch zu jeder Zeit?

Bitte den Hund immer aus Hundesicht betrachten – niemals vermenschlichen.

keiner dabei, der das verpennt. Geht es zur Jagd, ist klar, wie die Aufgaben verteilt sind und dass man hoch konzentriert zusammenarbeitet. Das setzt voraus, dass die Aufmerksamkeit nicht nur auf ein Objekt gerichtet ist, sondern auf das gesamte Szenario. Viele unserer Hunde schaffen es nicht einmal, drei Minuten ruhig sitzen zu bleiben, weil der Mensch ihnen verwehrt hat, ihr Konzentrationsvermögen zu trainieren. Doch wissen auch diese Hunde, was es bedeutet, wenn Herrchen die Gummistiefel aus dem Schrank nimmt: »Wir gehen gleich Gassi!« Und zieht Frauchen die Schuhe mit den hohen Absätzen an, ist klar: »Gleich lässt sie mich wieder alleine zu Hause.«

Aus Hundesicht

Jeder Hund beobachtet und speichert seine Eindrücke zuverlässig ab. Aus diesem Erfahrungsschatz beginnt er nach und nach seine Schlüsse zu ziehen. Uns Menschen ist meist nicht bewusst, wie viel in ihm vor sich geht. Schließlich sehen wir die Welt ja aus unseren Augen, gefiltert durch unsere menschlichen Erfahrungswerte. Unser Hund trägt aber das wölfische Erbe tief in sich und beurteilt die Welt von dieser Warte aus. Die Rückschlüsse, die er zieht, interpretieren wir oft komplett anders. Nehmen wir einmal folgenden Fall: Sie richten sich ein knusprig-leckeres Salamibrot, nein – besser ein Käsebrot, zurecht, da klingelt das Telefon im Nebenraum. Das Brot bleibt in der Küche zurück, weil Essen und Telefonieren gleichzeitig nur schwer möglich ist. Wenn Sie zurückkommen, erwartet Sie ein leerer Teller und ein genüsslich in der hintersten Küchenecke das Brot verzehrender Hund.
Für Ihren Hund sieht die Sache so aus: Frauchen macht lecker Fressen zurecht, legt es auf die Arbeitsplatte und verschwindet. Sie hat sicher vergessen, mir das Futter in den Napf zu legen. Ich nehm' das schon mal mit und verdrücke es.
Versuchen wir nun, unser Beispiel zu »lesen«, und gleichen das, was wir erkennen, ab mit dem, was wir über das Verhalten in einem echten Rudel wissen: Dieser Hund ist der Ansicht, dass er sich das Fressen jederzeit nehmen darf. Wer darf das in einem Rudel? Die Frage können Sie sicherlich mittlerweile mühelos beantworten – genau, die Oberhäupter! Viele denken, dass halt Hunde nun mal so

seien und nur ein dummer Hund sich nicht bediene, wenn die Leckereien direkt vor seiner Nase liegen. In der Natur sind diejenigen Wölfe dumm, die die Autorität des Oberhauptes nicht akzeptieren wollen. Das bedeutet nämlich Ärger. Und nachdem keines der anderen Rudelmitglieder Interesse daran hat, dass die Ordnung durcheinandergerät und für einen aus der Runde »Extrawürste gebraten werden«, hält man zusammen, um dem respektlosen Flegel Manieren beizubringen. Es gilt für alle die gleiche Devise: Gefressen wird dann, wenn man an der Reihe ist.

Leider stimmt hier nicht der Umkehrschluss: Wenn ich es irgendwie hinkriege, dass mein Hund erst dann frisst, wenn ich das will, bin ich automatisch der Chef. Etwas anspruchsvoller sind unsere vierbeinigen Hausgenossen dann doch. Ein Hund möchte seinen Mitbewohner, den Menschen, als *die* Persönlichkeit seines Vertrauens um sich haben – und nicht nur einen Futterbereitsteller mit Zeitschaltuhr, der gleichzeitig das Fell krault, die gute Stube einheizt und sich zu allem Überfluss im Schweinsgalopp am anderen Ende der Leine immer so unnötig einspreizt!

Darf ich Sie an dieser Stelle um etwas bitten? Sehen Sie doch kurz nach, was ganz am Anfang dieses Buches steht. Dort berichtete ich von den Menschen, die zu mir kommen, weil sie ihrem Hund vertrauen wollen. Nichts anderes will er auch – Ihnen vertrauen können. Egal welcher Rasse, welchen Alters, welchen Geschlechts. Er möchte, dass Sie sein ehrwürdiges Vorbild sind. Dazu müssen Sie die Sache in die »Pfoten« nehmen und den ersten Schritt in seine Welt tun.

Regeln beim Fressen zu befolgen bedeutet bei den Wölfen soziale Kompetenz.

Ein gut erzogener Hund denkt nicht einmal an eine Extrawurst.

Integration durch artgerechte Erziehung

Warum erziehen wir unsere Kinder? Oder anders gefragt: Was wollen wir durch die Erziehung erreichen? Wir möchten sie befähigen, ihren Platz in dieser Welt zu finden. Das setzt neben dem Erwerb von körperlichen und geistigen Fähigkeiten voraus, sie zu sozialem Verhalten anzuleiten und dabei zu fördern, zu einer charakterlich gefestigten Persönlichkeit zu werden. Ohne Regeln und das verlässliche Vorbild durch die Eltern geht dies nicht. Nur so sind unsere Kinder in der Lage, sich zu integrieren und Vertrauen in das Leben zu gewinnen. Für unsere Hunde gilt dasselbe. Sie wollen wissen, wohin sie gehören, und selbstsicher den Herausforderungen des Alltags begegnen. Sie möchten uns Menschen beweisen, was sie können, und dafür geachtet werden, so wie das auch in einem Rudelverband der Fall ist, frei nach dem Motto »einer für alle – alle für einen!«.

Schwieriger Hund oder schwieriger Mensch?

Ein Hund, der nicht die Möglichkeit hat, in ausreichendem Maße zu lernen, wie er sich uns Menschen und seinen Artgenossen gegenüber adäquat zu verhalten hat, wird über kurz oder lang zu einem »schwierigen« Hund. Besser sollte man so einen Vierbeiner als einen inkompetenten Hund bezeichnen, denn das, was wir als schwierig empfinden, ist nur ein Indiz dafür, dass er von seinem Menschen im Stich gelassen und nicht seinen Anlagen entsprechend gefördert und angeleitet wurde. Deshalb fehlt ihm ein Großteil der Bandbreite sozialer und emotionaler Intelligenz (zu der er in der Lage wäre!), was ihm keine andere Wahl lässt, als »schwierig« zu sein. Mit dem, was er sich so aus dem Verhalten seines Umfeldes zusammengereimt hat, ist es für ihn schwer möglich, situationsangepasste Lösungsstrategien zu entwickeln, die seinem Rudel – sprich seinem Menschen – gefallen würden. Stattdessen kann und muss er sein »Schwierigsein« immer und immer wieder als Ritual wiederholen.

Auch hier gibt es wieder die Parallele zu unseren eigenen Kindern. Wie viele Schlagzeilen pro Jahr konfrontieren uns mit dem Schicksal von verwahrlosten und misshandelten Kindern, Amokläufern in den Schulen, Schlägertrupps in der U-Bahn usw.? Und das Schlimmste daran ist: Keiner will davor irgendetwas gewusst haben, geschweige denn dafür verantwortlich sein! Und wer etwas bemerkt hat, schaut lieber weg.

Einen nahezu perversen Kontrast stellen dagegen die bunten Hochglanzheftchen dar, die alle nur ein einziges Thema haben: Wie kann ich Fiffi mit viel Geld und Aufwand zu einem würdelosen Tüddelobjekt degradieren? Dekadenz auf unglaublich hohem Niveau! Oder wie würden Sie es bezeichnen, wenn Sie sündhaft teueren Hunde-Halsschmuck, Schnittmuster für Hundekleidchen (und selbstverständlich -häubchen) in einer Ausgabe finden, mit dem Inserat eines Futtermittelherstellers, der damit wirbt, pro Kilogramm Futter einen winzigen Betrag an mittellose Kinder in der Dritten Welt abzuführen? Das Foto eines afrikanischen Kindes, einsam und verlassen zwischen Abbildungen von hochpreisigen Luxusgütern für den »anspruchsvollen« Hund!

Zurück zur Natur

In gleichem Maße wie moderne Menschen das Gefühl für den natürlichen Umgang mit ihren Kindern verlieren, entgleitet ihnen scheinbar auch der Umgang mit ihren Hunden – oder ist es umgekehrt? Nicht genug, dass einige Rassen so gezüchtet werden, dass die Tiere kaum noch atmen und gehen können – die entsprechende Kundschaft füllt sie randvoll mit den delikatesten Leckereien ab, die der Kühlschrank des Menschen her-

Die physische und psychische Gesundheit liegt in der Hand des Menschen.

gibt. Selbstverständlich auf edlem Geschirr – was sonst? Der Tierarzt freut sich, denn hier bleiben die Folgen nicht aus. Dagegen nimmt sich das regelmäßige Färben mit den Jahren ergrauter Hundehaare direkt harmlos aus. Besonders interessant sind auch immer wieder die Textbeiträge, in denen man lernt, dass ein farblich aufeinander abgestimmtes Outfit und das Lackieren der Nägel bzw. Krallen mit dem gleichen Nagellack die Bindung zwischen Mensch und Fiffi fördere! »Da erkennt man auf einen Blick: zwei, die zusammengehören!« Falls Sie mich nun für vollkommen überspannt halten und glauben, meine Fantasie erlaube sich einen schlechten Scherz mit Ihnen – gehen Sie an einen gut sortierten Zeitschriftenkiosk und tun Sie das, was dort nicht gerne gesehen wird: Blättern Sie sich durch das Angebot. Vor dem Ankauf bitte ich Sie allerdings zu bedenken, ob es nicht in der Nähe eine karitative Einrichtung Ihres Vertrauens gibt, die gerne einen entsprechenden Spendenbetrag entgegennimmt. Für die eigenen Artgenossen versteht sich!

Eine gebräuchliche Aussage: »Der tut nix, der will ja nur ...!«

Wenn diese armen Tierchen sich – vorsichtig formuliert – »seltsam« verhalten, verleitet das die meisten Besitzer zu der Aussage, diese Rasse sei eben besonders selbstbewusst, sensibel, launisch, anspruchsvoll ... Dass größerer Schaden an Dritten nur selten entsteht, liegt einfach daran, dass die armen Würmchen Frauchen körperlich weit unterlegen sind und man auch in einer goldenen Hundebox Fiffi wirkungsvoll wegsperren kann. Brustgeschirrchen mit Tragegriffen kaufen, Hund hochheben, eintüten – fertig.

Der Hund – ein Sportgerät?

Das andere Extrem ist der seit Jahrzehnten bekannte Klassiker: Welpe rein in den Zwinger, Jugend darin absitzen lassen, mit einem Jahr raus aus der Gitterzelle, ab auf den Hundeplatz und Unterordnung üben. Triebstärke ist gefragt, Weicheier taugen nichts. Fortschrittliche Verfechter dieser Verfahrensweise fahren mit dem Welpen einmal wöchentlich zur Welpenspielgruppe, legen gepolsterte Brustgeschirre an und bringen zum Einüben der Unterordnung Leckerlis mit. Abends geht das Licht aus in einem Zwinger, der größer ist als das vorgeschriebene Mindestmaß und in den eine weich gepolsterte Hundehütte integriert wurde. Zwischen diesen beiden Polen bewegt sich die Mehrheit der Hundehalter. Es sind diejenigen, die es mit ihrem Hund »gut meinen«.
Leider gibt es auch immer wieder Schlagzeilen von Hunden, die Menschen schwer verletzt haben, und bei den Haltern ist das Wehklagen groß, denn angeblich haben sie das ihrem Hund gar nicht zugetraut! Was in den Medien nicht an die große Glocke gehängt wird, sind all die Hündchen, die nur zu gerne kläffend dem Besuch oder dem Postboten, dem Jogger oder Radfahrer ans Hosenbein gehen.
Nach alldem, was Sie nun über ein echtes Rudel wissen, machen Sie sich jetzt vielleicht Gedanken darüber, was hier im Vorfeld anders hätte laufen können. Vielleicht sinnieren Sie, woran man die Schieflage erkennen hätte können. Dass hier der Mensch versagt hat, liegt auf der Hand. Er ist seiner Verantwortung dem

Hund und den Mitmenschen gegenüber nicht gerecht geworden. Der Mensch war es, der seinem Hund nicht frühzeitig die Grenzen aufgezeigt hat, deren Überschreiten ihn und andere gefährdet. Wer seinem Vierbeiner dabei zusieht, wie er zunehmend aggressiver seine eigenen Gesetze aufstellt, und nicht bei den ersten Anzeichen konsequent einschreitet, nimmt billigend in Kauf, dass Unschuldige zu Schaden kommen. Jeder Beißunfall hat seine individuelle Vorgeschichte, doch ist es immer der Mensch, der versagt hat. Nur selten sind Gendefekte die Ursache, wenn ein Hund nicht kontrollierbar ist. Doch auch hier muss man hinterfragen, wo der Mensch der Natur schon früh ins Handwerk gepfuscht und Welpen aufgepäppelt hat, die eine instinktsichere Hündin nie und nimmer großgezogen hätte.

Doch es gibt sie auch, die verantwortungsvollen Züchter, die sich ehrlich und fachkundig dafür einsetzen, dass wir Hundeliebhaber gesunde, wesensfeste Welpen bei ihnen abholen dürfen. Leider wird viel Arbeit und Engagement dieser Menschen wieder zunichte gemacht, wenn der neue Besitzer sich nicht artgerecht um die Erziehung und Förderung seines neuen Familienmitglieds bemüht.

Klar – wir sind alle nur Menschen und keine charakterfesten Althunde. Sosehr wir uns auch anstrengen, es werden uns immer wieder Fehler unterlaufen, die ein hündischer Rudelchef nicht begehen würde. Umso wichtiger ist, dass das, was wir tun, dem natürlichen Vorbild so nahe wie möglich kommt. Wir sollten alle Möglichkeiten ausschöpfen, um für unseren Hund ein Vorbild zu sein.

Nicht alleine die Fachkompetenz des Züchters entscheidet, was aus einem Hund wird, sondern die Erziehung durch seinen Menschen.

Ein Rudel bleibt zusammen – auch im Urlaub! Geklärte Beziehung – alles paletti.

Sind Sie bereit?

Das Vorbild der Natur im Alltag umzusetzen ist wie ein Puzzle mit vielen Teilen, die ineinanderpassen müssen. Nur dann kann eine echte Beziehung zwischen Mensch und Hund entstehen. Und wie bei uns Menschen auch kann man ehrliche Achtung und Respekt weder kaufen noch erzwingen. Man kann sie nur gemeinsam Schritt für Schritt aufbauen. Ein Welpe, den wir mit acht Wochen bei seiner Mutter abholen, kommt mit einem ausgeprägten Bindungswillen zu uns und mit einer Fülle von Anlagen, die entwickelt werden wollen. Lassen wir das verkümmern, macht das langfristig weder ihn noch uns glücklich. Ein älterer Hund, den wir aus dem Tierheim oder schlechter Haltung zu uns holen, hat meist wenig gute Erfahrungen machen dürfen, und der Wechsel zu uns bedeutet nur dann eine Verbesserung für ihn, wenn wir unsere Aufgabe ernst nehmen und ihm mit unserem Verhalten zu verstehen geben: Hier bist du gut aufgehoben. Findet er keinen gefestigten Chef vor, bestätigt das seine Zweifel an der Welt. Für uns bedeutet das bereits vor der Anschaffung eines Hundes, sich ehrlich zu hinterfragen: Bin ich bereit, viel Zeit und Energie in die Arbeit mit meinem neuen Zögling zu investieren? Bin ich gewillt, mich täglich zu hinterfragen, ob ich ein aus seiner Sicht »ehrwürdiger Alter« bin? Bin ich bereit, evtl. lieb gewordene Angewohnheiten ihm zuliebe zu opfern? Denn eines ist klar: Er will so viel es geht bei Ihnen sein! Brennen Sie darauf, neue Länder zu erkunden, will er an Ihrer Seite sein. Haben Sie dagegen daran gedacht, ihn für die Dauer Ihrer Fernreisen in einer Hundepension oder bei der freundlichen Nachbarin einzuquartieren, bedeutet das in seinen Augen Hochverrat! Ein Rudel bleibt zusammen, und wer länger alleine seiner Wege geht, gehört nicht mehr dazu. Der wird bestenfalls als WG-Mitglied und Versorger angesehen. Auch gesunde Hunde werden irgendwann einmal alt und brauchen tierärztliche Hilfe. Sind Sie bereit, diese Kosten zu tragen? Gassigehen bei Regen, Wind und Schnee – haben Sie darauf tatsächlich jeden Tag Lust? Nicht zu vergessen die lästigen Hundehaare – und Hunde riechen nach Hund und nicht nach Chanel.

Stabile Strukturen geben Sicherheit

Sind Sie nun immer noch der Ansicht, dass für Sie ein Leben ohne Hund nicht halb so erstrebenswert ist wie eines mit ihm? Dann sollten Sie von dem Moment an, an dem er bei Ihnen Einzug hält, alles tun, um in seinen Augen eine Mama bzw. ein Papa auf zwei Beinen zu sein. Sie sollten alles bleiben lassen, was Sie in seinen Augen zu einem inkompetenten Rudeloberhaupt macht, das ein ehrenwerter Hund nicht ernst nehmen kann. Leckerlis, Clicker, Schleppleine, Schütteldosen, Sprühhalsbänder und was es sonst noch alles an Möglichkeiten gibt, sich bei ihm als hilflos zu outen, sollten sie tunlichst meiden. Oder können Sie sich daran erinnern, gelesen zu haben, dass ein echter Rudelchef mit so etwas bei den Seinen ankommt?
Auch sollten Sie darauf achten, dass es feststehende Regeln bei der Fütterung gibt, und ihm das Futter nicht jederzeit zu seiner freien Verfügung überlassen. Fressen liegt im Napf, und auf diesen stürmt ein Hund mit guten Manieren erst dann los, wenn er die Erlaubnis dazu bekommen hat.

Wie sieht mein Hund die Welt?

Auch beim Zusammenleben mit einem Hund ist ein gehöriges Maß Einfühlungsvermögen gefragt. Der Mensch muss seinen Hund da abholen, wo er »steht«: in seiner Hunde-Welt!

Platz ist in der kleinsten Hütte

Geschlafen wird zusammen – aber nicht in einem Bett, sondern im gleichen Raum. Ein extra kuscheliges, teueres Körbchen müssen Sie hierzu nicht anschaffen, ein ganz normaler Bettvorleger oder Teppich tut es genauso. Einen Garten brauchen Sie auch nicht zwingend, um sich einen Hund anschaffen zu können. Platz ist in der kleinsten Hütte für ein

Nicht das Raumangebot ist entscheidend, sondern die Zeitqualität.

»glücklich liebend Paar«! Die meiste Zeit des Tages döst Bello sowieso vor sich hin. Nutzen Sie das Gassigehen für ausreichend Bewegung, denn Hunde sind Lauftiere, und dieses Bedürfnis will befriedigt werden. Sind Sie nicht der begnadete Jogger, so schwingen Sie sich, wenn Ihr Hund im entsprechenden Alter ist, aufs Fahrrad, oder lassen Sie ihn auf einer Wiese ausgiebig apportieren. So stärken Sie nicht nur Ihrer beider Fitness, sondern haben auch jede Menge Spaß zusammen!

Das o. g. entsprechende Alter heißt nicht, dass der Hund erst ein Jahr oder gar noch älter werden sollte, bevor Sie mit ihm per pedes oder Rad losziehen können. Wölfe bzw. Wildhunde müssen ca. ab dem vierten bis fünften Monat mit auf die Jagd, damit sie dieselbe erlernen, samt des wichtigen Zusammenspiels im Rudel. Bei dieser Jagd kommen dann schon mal einige Kilometer zusammen, wogegen sich die 20 km einer sogenannten Ausdauerprüfung, am besten noch mit drei Pausen und einer Abkürzung, wie ein Aufwärmprogramm anfühlen müssen.

Ausreichende Bewegung

Ab dem vierten bis fünften Lebensmonat ist Bewegung für unseren Hund absolutes Muss. Sie müssen deshalb keinen Marathon laufen, aber 5–10 km am Tag dürfen es schon sein. Denn gerade in der Zeit, in der der gesamte Muskelapparat samt seiner dazugehörigen Antagonisten, Sehnen und Bänder, im Aufbau begriffen ist, benötigt er ein sinnvolles Training dieses Gesamtsystems.

Eine Beziehung beginnt mit dem ersten Tag – so oder so

Vor den Spaß hat der Herrgott die Arbeit gestellt, in unserem Falle das artgerechte Beziehungstraining mit unserem vierbeinigen Freund. Dieses sollte in dem Moment beginnen, in dem auch rechtlich die Verantwortung auf Sie übergeht. Es ist grad so wie bei dem Hundepapa, der die Kleinen mit acht Wochen von Muttern quasi aufs Auge gedrückt bekommt zur weiteren rechtschaffenen Entwicklungsförderung. Diese beinhaltet nicht nur ausgiebiges gemeinsames Spielen, sondern ebenso den Aufbau und das Einhalten von Regeln.

Haben Sie noch keine konkreten Vorstellungen, wie dieses Regelwerk beschaffen sein soll, bevor Sie den Hund holen, weil Sie sich gedacht haben: »Daheim darf er sich erst mal in aller Ruhe eingewöhnen, dann sehen wir weiter – und zum Gassigehen gibt's Brustgeschirr mit Flexileine hinten dran.« Dann verschieben Sie Ihren Wunsch nach einem Hund und nutzen Sie die Zeit für seriöse Hundeliteratur. Ich empfehle Ihnen dazu das Gesamtwerk von Eberhard Trumler.

Wenn Sie selbst keine konkreten Vorstellungen davon haben, wie das Zusammenleben drinnen und draußen ablaufen soll, wie soll Bello Ihnen vertrauen? Die Natur hat das für ihn so nicht vorgesehen. Und wo es kein echtes Vertrauen gibt, kann auch keine Bindung entstehen, allenfalls ein Agreement. Sie sind dann so etwas wie eine Mensch-Hund-WG, in der Ihnen ganz klar der Part als Dosenöffner und Napfbefüller zukommt. Je nachdem, wie

ihr Hund aufgelegt ist, dürfen Sie auch noch als Fellkraul-Dienstleister fungieren.
Holen Sie sich an dieser Stelle noch einmal das Bild des Rudels in den Kopf: Hier bleiben die Jungen bei den Alten, weil sie gelernt haben, dass das so gut und richtig ist. In freier Wildbahn versperrt ihnen nichts den Weg hinaus in die große weite Welt. Die Frage, die Sie sich stellen müssen ist: Bleibt mein Hund nur in meiner Nähe, weil er nicht weg kann, da er mit einer 10-m-Leine »gesichert« ist oder mit Futterstückchen bestochen wird, oder tut er es freiwillig? Zu Hause bleibt ihm keine andere Wahl, weil ihn Türen und Wände daran hindern, woanders hinzugehen, selbst wenn er es möchte. Auch für den Aufenthalt im Garten gilt dies. Denken Sie sich diese Grenzen einfach mal so niedrig, dass sie für den Hund leicht zu überwinden wären – bliebe er da, oder ginge er seines Weges? Was sagt Ihr Gefühl? Kommt Ihr Hund sofort zu Ihnen, wenn Sie ihn rufen, ohne mit Spielzeug, Leckerlis oder sonstigen Verlockungen zu hantieren? Sieht er Ihnen dabei in die Augen, wenn er kommt, oder auf die Hand, ob Sie hier etwas zu fressen versteckt haben? Folgt er Ihnen freiwillig und sucht Sie, sobald Sie außer Sichtweite sind?
Diese Freiwilligkeit, sein Handeln nach Ihnen und Ihren Wünschen auszurichten, ist das, was aufzeigt, wie es um seine Bindung an Sie gestellt ist. Allzu häufig sagt der Mensch hier: »Logisch, habe ich verstanden.« ... und dann liefert er im nächsten Moment den Beweis, dass es eben doch nur der Kopf war, der verstanden hat, und nicht das Gefühl, die Intuition. Das könnte so aussehen, dass Sie mit

Artgerechte Erziehung bedeutet, natürliche Zeitfenster nutzen.

Ihrem Vierbeiner an der Flexileine das Haus verlassen. Schon haben wir das Problem: Sie legen ihm die Flexileine deshalb an, weil Sie wissen, dass Sie ihn auf Distanz nicht anders kontrollieren können, weil er sich einen feuchten Kehricht um das schert, was Sie ihm zu sagen haben. Damit richten Sie sich nach dem Hund – und zwar freiwillig. Dabei sollte es umgekehrt sein, nicht wahr?

Mauern statt Vertrauen

Immer wieder höre ich: »Drinnen haben wir kaum Probleme, aber wehe, wenn wir das Haus verlassen!« Das erweckt den Anschein, als gäbe es eine »Drinnen-draußen-Problematik«. In Wahrheit gibt es bei allen Schwierigkeiten immer nur eine Grundproblematik: die gestörte Beziehung zwischen Mensch und Hund. Im Haus ist es einfach nur so, dass Sie als Mensch davon profitieren, dass durch die Mauern alle Ablenkungen der Außenwelt abgeblockt sind und der Bewegungsspielraum eingeschränkt und damit leichter manipulierbar ist. Soll der Hund nicht wegrennen – Türe zu. Hat er Angst vor Blitz und Donner – Rollläden runter und das Fernsehgerät laut stellen. Will er Ihr Wurstbrot klauen – wird der Hund weggesperrt, oder das Brot kommt in den Kühlschrank.

Genau genommen sind die Türe, die Mauer, die Rollläden, der Kühlschrank etc. nichts weiter als Hilfsmittel. Bleibt Ihr Hund ohne Handzeichen, Leckerli und dergleichen auf ein Wort von Ihnen in der geöffneten Türe stehen, macht Sitz oder Platz – je nachdem, was Ihnen lieber ist – und bleibt zuverlässig bei geöffneter Türe an dieser Stelle und Sie können in aller Ruhe den Müll nach draußen tragen oder ein Schwätzchen mit dem Briefträger halten, haben Sie Verhältnisse, wie sie in einem echten Rudel an der Tagesordnung sind. Das ist nichts Besonderes, sondern vollkommen normal.

Kontrolle ausüben nur über die Leine? Nein danke!

Die Sache mit der Leine

Kommen wir nun zu den vielfältigen Möglichkeiten, einen Hund am anderen Ende der Führhilfe zu haben. Landläufig bezeichnen wir diese Führhilfe als Leine. Dass es hier so viele Schwierigkeiten gibt, liegt im Grunde genommen auch daran, dass kaum darüber nachgedacht wird, wie es sich in einem echten Rudel verhält. Da gibt es keine Leinen (weder lange noch kurze), und solche Abartigkeiten wie Halti und Stachelhalsbänder sowieso schon gar nicht. Das Verwenden einer Leine sollte reserviert sein für einige unvermeidliche Ausnahmen im Zusammenleben mit Ihrem Hund.

Dazu gehören der Straßenverkehr, Orte mit Leinenpflicht und alle Örtlichkeiten und Umgebungen, bei denen die Leine als optisches Signal für Ihre Mitmenschen entspannend wirkt, z. B. beim Besuch eines Speiselokals, Flohmarktes, Einkaufszentrums etc. Treten Sie hier mit einem Hund in Erscheinung, der entspannt mit angelegter Leine neben Ihnen geht, freuen sich alle. Wer mag schon gerne, dass er Angst haben muss, sein teueres Menü mit einem Hund zu teilen? Selbst wenn ein Hund mit guten Manieren dies niemals tun würde, so kann es durchaus sein, dass Fremde negative Erfahrungen gemacht haben oder wenigstens jemanden kennen, der Unerfreuliches zu berichten wusste. Im Straßenverkehr dient die Leine dem Schutz des Hundes, denn mit der Vielzahl an möglichen Gefahren, die von unkonzentrierten Verkehrsteilnehmern ausgehen, ist er an der Leine einfach besser aufgehoben.

Verwenden Sie die Leine, weil Sie selbst unsicher sind, ob Ihr Hund an Ihrer Seite bleibt, dann wissen Sie mittlerweile, wer der Chef bei Ihnen beiden ist. Sie haben Angst, dass er im dümmsten aller Momente abdampfen könnte und nicht zurückkommt, wenn Sie rufen, oder irgendwo stehen bleibt zum endlosen Schnüffeln und nicht mehr weitergeht. Hier sehen Sie schon, dass die Leinenfrage nicht separat zu betrachten ist, sondern sich nur aus dem Gesamtkontext heraus beantworten bzw. lösen lässt. Es geht schon damit los, dass die meisten Welpen ab der Ankunft bei ihrem Menschen nicht konsequent zum Herkommen und Folgen aufgefordert werden, sondern sofort, wenn irgendwas nicht so klappt, wie es soll, die Leine zum Einsatz kommt. Kommt der Kleine nicht her, leint man ihn an und schleppt ihn ab. Rennt er vorbei, wird die nächstbeste Gelegenheit beim Schopfe gepackt, der kleine Wirbelwind angeleint, und er schleppt ab sofort den Menschen ab, wenn er sich nicht halb erdrosselt. Gleiches gilt bei erwachsenen Hunden. Das ist leider gängige Praxis.

Ein »lockerer« Hund an lockerer Leine.

Geschirre brauchen Hundehalter, die keine unsichtbare Leine haben.

Die unsichtbare Leine

Kurzum: Wenn ein Hund nicht gelernt hat, dass es gut und richtig ist, zu seinem Menschen zu kommen und ihm freiwillig zu folgen, gibt es auch Probleme, wenn er in entsprechendem Abstand mit durchhängender, lockerer Leine neben ihm herlaufen soll. Damit das klappt, muss der Hund in der Lage sein, auch bei der tollsten Ablenkung seine Aufmerksamkeit bei Ihnen zu halten. Sind Sie sein Vorbild, wird er dies gerne tun, denn man gehört zusammen, und das ist aus seiner Sicht wunderbar!

Leider herrscht vielerorts der Irrglaube, man müsse einen Hund nur lange genug an der Leine hinter sich herschleifen oder ihn daran hindern, dass er Gleiches mit dem Menschen tut, dann schaltet er irgendwann den Verstand ein und läuft neben seinem Herrchen her, weil alles andere immer wieder kläglich scheitert. Armer Hund! Er wird in seinem Wesen vollkommen falsch eingeschätzt. Immer wieder hört man auch die Aussage, dass man einen Hund, der ohne Leine wiederholt ausbüchst, so lange nicht mehr von der Leine lassen dürfe, bis er verstanden habe, dass er nicht weglaufen solle. So ein Hund hat nur eines wirklich kapiert: Der Mensch ist kein Chef, und warum sollte er bei ihm bleiben, wenn er nicht mehr daran gehindert wird wegzulaufen?!

Auch kommt bei einem Hund, der von Beginn an mit der Leine gegängelt wird, ein weiteres Problem hinzu: Er versteht den Druck durch Halsband und Brustgeschirr anders, als der Mensch das denkt. Für ihn ist dies eine mehr oder weniger angenehme Form von Körperkontakt, da die Leine für ihn ein Kontaktmittel zum Menschen darstellt – quasi den verlängerten Arm, der direkt an seinem Hals(band) mündet. Beim Brustgeschirr ist dieser Effekt noch ausgeprägter, da sich der Druck noch mehr auf dem Hundekörper verteilt. Man kann den Zug an der Leine förmlich als permanentes »Auf-die-Schulter-Klopfen« verstehen. Und das kann Bello durchaus dazu motivieren, sich immer mehr »ins Zeug« zu legen, eben ins »Leinenzeug«. Bei der Schutzhundausbildung wird dieser Mechanismus häufig dazu verwendet, um die Hunde aufzuputschen. Wenn Sie Ihren Hund immer und immer wieder zurückziehen, wenn er z. B. auf der anderen Straßenseite einen für ihn interessanten Hund sieht und unbedingt zu ihm hin will, ist das nichts anderes. Halten Sie dem Vierbeiner in so einer Situation ein Stück Wurst oder ein Leckerli vor die Nase, um ihn abzulenken, machen Sie sich zusätzlich unglaubwürdig. Sollte Ihr »bester Freund« nur deshalb für einige Meter an Ihrer Seite gehen, dann haben Sie ihm damit eine Dienstleistung abgekauft, aber noch lange nicht sein Vertrauen und seine Achtung gewonnen. Gibt es aus seiner Sicht etwas Besseres als das Stückchen Futter, wird er nicht zögern, sich beispielsweise für die läufige Hündin zu entscheiden. Haben Sie allerdings eine echte Beziehung zu ihm aufgebaut, wird er mit Ihnen gehen, wohin Sie wollen, und die Leine wird er Ihnen zuliebe akzeptieren, denn Sie beide wissen: Das ist nur ein Stück Deko und eigentlich gar nicht notwendig.

Soziale Kompetenz

Leider ist die gängige Leinenpraxis mit ein Grund dafür, warum immer weniger Hunde in der Lage sind, sozial kompetent zu agieren. Wer bereits als Welpe Kontakte zu anderen Artgenossen überwiegend angeleint erlebt, ist nicht in der Lage, Schritt für Schritt und altersgemäß Sozialverhalten zu erlernen. Wie soll man sich hier bitte ordentlich unterwerfen, wenn der ältere Hund das möchte? Es gibt ja schon Probleme dabei, nach guter Hunde Sitte die Lefzen des Alten zu lecken, wenn man sich dauernd verheddert. Wird man dann tatsächlich mal abgeleint, weiß man im

Obwohl Hundeschulen wie Pilze aus dem Boden sprießen, gibt es mehr inkompetente Hunde als je zuvor.

ersten Moment gar nicht so recht, wo man hin soll, und sucht Schutz zwischen den Beinen von Frauchen. Diese weiß angesichts des hilflosen kleinen Würmchens oft nichts Besseres, als das verängstigte Kerlchen zu liebkosen und gut auf ihn einzureden (was Lumpis Annahme bestätigt, dass an der Situation mit dem anderen Hund irgendetwas nicht stimmen kann), statt dass sie den Kleinen in die Lage versetzt einzuüben, wie man sich unter Hunden manierlich benimmt. Mutig geworden durch Frauchens Unterstützung, traut man sich dann frech zwischen deren Beinen hervorzukläffen, statt zu lernen, dass man sich als Jungspund zurücknehmen sollte, um vom Alten akzeptiert zu werden.

Welpen gleichen Alters und gleicher Größe eignen sich prima, um wild zu tollen und seine Kräfte zu messen, aber nur von erfahrenen Hunden kann ein kleiner Weltenentdecker lernen, was zu tun ist, um zu einer reifen Persönlichkeit zu werden, die von Artgenossen ernst genommen wird. Deshalb muss der Mensch seinem Vierbeiner ausreichend Möglichkeiten bieten, eine Palette an aggressionshemmenden und akzeptanzfördernden Verhaltensweisen zu erwerben, aus denen er je nach Hundebegegnung das auswählen kann, was in der individuellen Situation angesagt ist. Gestandene Hundepersönlichkeiten legen keinen Wert darauf, »die Sau herauszulassen«, sondern möchten freundlichen Umgang miteinander pflegen. Rüden haben öfter mal Lust darauf, spielerisch mit einem anderen unter Getöse die Kräfte zu messen. Doch sollte man sich davor hüten, eine Pauschalaussage zu treffen: Alle Rüden wollen immer nur raufen. Sie bieten nur gerne ein breites Spektrum an Imponiergehabe auf, da sie ja auch noch der holden Frauenwelt imponieren müssen. Je nach Typ ist das sehr unterschiedlich. Es gibt auch Kerls, die daran kein großes Interesse haben und sich lieber anderweitig beschäftigen, als unnötig Kraft zu vergeuden.

Ob diese beiden Hunde wohl an menschlich-lerntheoretische Erziehungsmodelle denken?

Auch bei Hündinnen verhält es sich so, wenn sie nicht gerade den eigenen Wurf verteidigen müssen.

Beziehung statt Ausbildung

Wie Sie bis hierher schon sehen konnten, zieht sich ein roter Faden durch alles, was wir Menschen als Probleme mit unserem Hund empfinden: mangelnde Beziehung und fehlendes Vertrauen auf beiden Seiten. Versuchen wir lediglich, problematisches Verhalten in den Griff zu bekommen, wird hier nur an Symptomen herumgedoktert, und Sie sind weit entfernt von dem, was Sie sich anfangs vorgenommen hatten: nämlich ein Team zu werden, das gemeinsam durch dick und dünn geht.

Behelfen Sie sich bei der Symptombehandlung mit allen möglichen Hilfsmitteln, so werden Sie selbst zum Sklaven und sind darauf angewiesen, dass Sie auf keinen Fall die Leckerlis zu Hause vergessen oder den Clicker oder ... Abgesehen davon werden Sie nie erleben, dass Ihnen Ihr Hund das allergrößte Geschenk macht, das er Ihnen bieten kann: seine bedingungslose Gefolgschaftstreue.

Die moderne Hundeerziehungsszene ist hoch motiviert, unseren Hunden alles Mögliche anzudichten. Er wolle mit Futterbelohnung konditioniert werden, das Rufen des Namens müsse immer superduperfreudig erfolgen, sonst verknüpfe er was falsch, er könne sich nicht länger als zwei bis drei Sekunden erinnern und habe sowieso kein Gewissen, unerwünschtes Verhalten müsse ignoriert werden

Eine stimmige Beziehung ist alles – Ausbildung ist nichts!

– und was es sonst noch alles gibt. ... und dann taucht plötzlich ein entspannter Hund an der Seite seines Menschen auf, trägt auf dem Spaziergang sein Spielzeug in der Schnauze, ohne Halsband und Leine. Auf der gegenüberliegenden Seite der Wiese hält abrupt ein anderer Hundehalter inne und nötigt seinen Hasso mit Ziehen an der Leine zum Dableiben. Kurz darauf schreit er: »Ist Ihr Hund ein Rüde?! Dann leinen Sie ihn an!«

Der Vorteil: Beziehungstraining

Mit einer Ausbildung können Sie erreichen, dass der Hund »hört« – in einem gewissen Rahmen und unter Zuhilfenahme von Hilfsmitteln. Mit artgerechtem Beziehungstraining lernt Ihr Hund, Sie zu respektieren und Ihnen zu vertrauen – ohne »Wenn und Aber«.

Rüde oder »Rüdin«?

Der unangeleinte Hund und Herrchen bleiben vollkommen unbeeindruckt und marschieren entspannt weiter, denn so was kennen sie zu Genüge. Hassos Herrchen hat nun alle Hände voll zu tun, weil Hasso am liebsten auch unangeleint wäre. »Hallo! Leinen Sie Ihren Hund an!« – »Nein, aber wir können gerne hier stehen bleiben und Sie vorbeilassen, wenn Sie das möchten, außerdem heiße ich nicht Hallo.« – »Ist Ihr Hund nun ein Rüde oder nicht?« – »Das ist doch egal, ob Rüde oder nicht, wenn Ihr Hund spielen möchte, freut sich meiner auch.« (Ich selbst pflege in einer solchen Situation immer zu antworten: »Ich habe eine Rüdin!«)

Mittlerweile haben sich die beiden Mensch-Hund-Teams bis auf 5 m angenähert. Der unangeleinte Hund macht Sitz, weil sein Mensch stehen bleibt und ihm das Spielzeug aus dem Fang nimmt, Hasso wird abgeleint und beide dürfen endlich ausgiebig aneinander schnuppern. Hasso ist dabei ganz aus dem Häuschen, und beide Hunde laufen einige Meter hin und her, dabei flattert aus dem hohen Gras ein Rebhuhn auf, kurz darauf noch zwei andere. Hasso erkennt seine Chance und gibt alles! Der andere Hund bleibt unaufgefordert stehen und sieht dem davonspurtenden Hasso kurz nach, trottet dann zu seinem Menschen und setzt sich neben ihn. Hassos Herrchen gibt auch alles: »Hasso!!! Hieeeer!!! Hierher – verdammt noch mal!!!!« Dann kommt die Trillerpfeife zum Einsatz. Leider vergeblich.

Herr Hasso besinnt sich auf die frisch gekaufte Packung Kaustreifen für den vitalen Hund und wedelt damit herum. »Sagen Sie mal«, fragt er dann, »was haben Sie für Leckerlis für Ihren Hund? Auf diese Sorte spricht meiner so schlecht an. Vielleicht

Eine Frage, die immer wieder gestellt wird: »... sind das Rüden!?« – »Nein, Rüdinnen.«

sollte ich ihn nur noch mit Clicker von der Leine lassen. Dabei habe ich ihn letztes Jahr extra kastrieren lassen. Aber er bleibt ja nie länger als ein paar Minuten weg, bis jetzt ist er immer wieder aufgetaucht.« – »Ich wünsche Ihnen noch einen schönen Tag. ... aber sagen Sie mal: Haben Sie nicht Angst, dass er einer alten Oma vors Fahrrad oder jemandem vors Auto rennen könnte?« Der souveräne Hundehalter gibt seinem Vierbeiner das Spielzeug wieder ins Maul, und beide gehen weiter ihres Weges. Die Gesichtsfarbe von Hassos Herrchen wechselt umgehend von schreckensbleich auf puterrot. Er ruft den beiden hinterher: »Bei triebstarken Hunden ist das vollkommen normal, dass der Jagdtrieb durchkommt! Aber Ihr Hund, der ist doch nicht normal!«
Doch! Dieses Herrchen und sein Hund sind vollkommen normal, wie Sie mittlerweile wissen.

Beziehungstraining

Nun kann es natürlich durchaus sein, dass manche von Ihnen, liebe Leserinnen und Leser, doch noch in alten Gedankenmustern gefangen sind, sosehr Sie sich auch bemühen umzudenken. Ich möchte wetten, dass manche in Gedanken einen folgsamen, unterwürfig dreinblickenden Hund vor sich sehen, der temperament- und beinahe schon willenlos an der Seite seines Menschen dahintrottet.
Dies wäre das andere Extrem: ein Hund, dessen Seele man gebrochen hat, um ihn gefügig zu machen. Eine echte Schlaftablette eben.

Artgerechtes Beziehungstraining lässt dem Hund größtmögliche Freiheit.

Falls das Ihre Bedenken sein sollten, habe ich jetzt wieder eine Neuigkeit für Sie: Der »vollkommen normale Hund«, von dem wir gerade sprachen, hat hellwache Hundeaugen, deren Aufmerksamkeit nichts entgeht! Um sich auszupowern, ist er nicht darauf angewiesen, allem Beweglichen, was gerade zufällig vor seine Schnauze gerät, hinterherzujagen. Das Spielen, Joggen, Radfahren etc. mit Herrchen und Frauchen und die vielen Gelegenheiten, die ihm geboten werden, um mit Artgenossen Spaß zu haben, machen ihn zu einem ausgeglichenen Hund. Er genießt es, im See zu schwimmen und das von Herrchen oder Frauchen geworfene Stöckchen zurückzubringen, sich anschließend angenehm erschöpft im Gras zu wälzen oder das versteckte Spielzeug zu suchen. Er darf zeigen, was er kann, und hat selbst die größte Freude, wenn er sieht, dass sein Mensch glücklich ist und geduldig das Stöckchen immer und immer wieder ins Wasser wirft oder sich darum bemüht, ein Versteck für das Spielzeug zu suchen, das er so schell nicht findet. Das erhöht den Spaß an der Sache ungemein! Ins Restaurant oder zum Erledigen von den verschiedensten Besorgungen geht er auch gerne mit, denn wenn man da so schön geduldig herumliegt und aus treuen Hundeaugen in die Welt blickt, erweicht das nicht nur Frauenherzen. Sogar ansonsten ruppige Teenager oder »echte Männer« werden auf ihn aufmerksam, und so kommt es auch noch zu Extra-Streicheleinheiten für diesen »ungewöhnlichen Normalo«, der freudig mit der Rute wedelnd solche Zuwendungen genießen kann. Man meint in seinem Blick zu lesen, dass er bei sich denkt: »Habe ich das nicht wieder prima hingekriegt?«

»Mein Platz ist an der Seite meines Rudeloberhauptes.«

Mensch und Hund als Partner

Beziehungstraining nach dem Rudelkonzept macht Ihren Hund weder zu einer funktionierenden, identitätslosen Maschine noch zu einem millimetergenau agierenden Präzisionswerkzeug. Ob der Vierbeiner beispielsweise bei Fuß einige Zentimeter weiter vorne, hinten, links oder rechts von Ihnen geht, als das in der klassischen Hundeausbildung und -abrichtung gewünscht ist, interessiert nicht. Es geht darum, dass Ihr Hund und Sie zu Partnern werden, die sich 100%ig aufeinander verlassen können, und er an Ihrer Seite bleibt, was immer da kommen mag. Auch ob er schräg vor Ihnen sitzt anstatt im »korrekten Winkel« aus dem Bilderbuch, ist – auf gut Bayerisch – wurscht. Wichtig ist nur, dass er das, was er tut, zuverlässig und Ihnen zuliebe macht, ohne Überlistungen und Bestechungen.

Sind Sie gemeinsam an diesem Punkt angekommen, bleibt Ihnen auch das erspart, was viele kennen, die auf Hundeplätzen mit ihren Hunden arbeiten. Auf dem Platz klappt alles tipptopp, denn dort ist alles eingespielt, jede Übung funktioniert. Kaum steht man jedoch auf dem Parkplatz vor dem Hundeplatz, kann das alles schnell anders aussehen. Kommt ein fremder Hund vorbei, geht in vielen Hundeboxen in den Kofferräumen der PKWs das Konzert los. Das Ein- und Aussteigen wird dadurch bei vielen Hunden gerne zum Drama, und Kommandos wie »Sitz«, »Platz« und »Aus« laufen meist ins Leere, auch wenn sie gebrüllt werden, dass einem beinahe das Trommelfell platzen könnte. Das Gemeine ist, dass man auf diesen fremden Hund, womöglich in Begleitung eines ebenso fremden Menschen, gerade mental nicht vorbereitet war, und knattert in diesem Moment auch noch so ein blödes Moped daher, erinnern sich manche wieder daran, dass Hunde eigentlich Raubtiere sind.

Bevor Sie sich für die artgerechte Beziehungsarbeit nach dem Rudelkonzept entscheiden, sollten Sie noch wissen, was auf Sie und Ihren Zögling zukommen kann. Treffen Sie auf dem Spaziergang zufällig mehrere Menschen mit ihren Hunden, kommt es dann irgendwann zu einem mehr oder minder ausgeprägten Tohuwabohu und sind Sie und Ihr vierbeiniger Partner die Einzigen, die gelassen bleiben, wird Ihr Hund gerne als triebschwach und etwas einfältig angesehen, weil er sich zu Ihnen setzt und dem Treiben zusieht. Geben Sie ihm nicht spätestens nach zwei Minuten ein Leckerli, wenn er sich gut benimmt, wird er bemitleidet, weil »so ein Braver« sich das doch wirklich verdient habe! Hier ernten Sie auf jeden Fall zumindest einen schrägen Seitenblick von Ihren eigenen Artgenossen.

Richtig schlecht kommen Sie weg, wenn Sie Ihren Hund vor aller Augen artgerecht disziplinieren, weil er sich überlegt hat, Sie auf Zuverlässigkeit zu testen, da Sie gerade in der Umstellungsphase sind. Ein Nein bedeutet immer Nein, auch dann, wenn gerade die größten Klatschtanten der Stadt direkt neben Ihnen stehen. Akzeptiert wird das allerhöchstens von Außenstehenden bei Regenwetter, wenn Ihr Kleiner versucht, zur Begrüßung mal eben an den Damen hochzuspringen und dabei seine nassen Pfotenabdrücke auf deren Kleidung hinterlässt. Will er aber etwas Unaussprechliches vom Boden auffressen und Sie unterbinden das, heißt es gerne mal: »Jetzt seien Sie doch nicht so böse zu dem süßen Kerlchen, Hunde sind halt nun mal so, das müssen Sie verstehen!«

Kurzum: Es wird immer Leute geben, bei denen Sie auf Unverständnis stoßen und von denen Sie mit Belehrungen bedacht werden. Allerdings wird nach und nach auch die Anzahl derer zunehmen, die staunend (und/oder neidisch) auf Sie und Ihren Gefährten blicken, weil das harmonische Zusammenspiel von Euch beiden immer und überall funktioniert.

»So ein Braver!« ... und das ohne Leckerli-Bestechung.

Hundeerziehung nach dem Rudelkonzept

Überleben bedeutet lernen. In freier Natur ebenso wie in unserer zivilisierten Welt. Deshalb stehen wir Menschen unseren Hunden gegenüber in der Verantwortung, sie ihrer Art gerecht anzuleiten – zum Wohle aller.

Die vier Eckpfeiler des Rudelkonzepts

Das Rudelkonzept ist keine Ausbildungsmethode im herkömmlichen Sinne, sondern überträgt das, was in einem natürlichen Familienverband innerartlich passiert, auf das Zusammenleben zwischen Mensch und Hund. Es soll Ihnen dabei helfen, den Hund nicht nur als einen sozial hochintelligenten Beutegreifer anzusehen, sondern auch Hilfestellung dabei geben, dies in Ihrem gemeinsamen Alltag umzusetzen. Sie lernen die Sprache, die Riten und Eigenheiten, also die Kultur des Hundes, damit Sie für Ihren eigenen Vierbeiner zu einem ehrenwerten Vorbild werden können. Knurren und Bellen müssen Sie dazu natürlich nicht lernen, wohl aber das Verhalten übernehmen, das die Hundefamilie vorlebt.

Worum es wirklich geht

Die dahinterstehende Motivation ist nicht der Machterhalt der Oberhäupter, sondern das Wohlergehen des gesamten Rudels. Das ist

Da der Mensch kein natürlicher Artgenosse des Hundes ist, muss er dessen Sprache und Erziehungskultur erlernen.

etwas, was wir Menschen erkennen sollten: dass es nicht einfach nur darum geht, einen »gehorsamen« Hund sein Eigen zu nennen, damit wir es leicht haben, sondern weil es für alle Beteiligten das Beste ist! Nehmen Sie sich Ihres Hundes so an, wie er es aus seiner hündischen Sicht braucht, dann werden der Zusammenhalt, die Freude und Harmonie, die dadurch entstehen, die Lebensqualität aller deutlich verbessern.

Wie bereits erwähnt, beginnt der Rudelchef damit bereits in der achten Lebenswoche der Kleinen. Einen neutralen, quasi erziehungslosen Zeitraum gibt es nicht; das würde nur wertvolle Zeit ungenutzt verstreichen lassen und die Entwicklung der Welpen nicht fördern. Vor allen Dingen beugt es einer gravierenden Gefahr vor: dass sich die Integration in das Rudel zu einem späteren Zeitpunkt schwierig gestaltet. Wird die Zeit nicht sinnvoll im Sinne der Eingliederung in die Familie genutzt, passiert nämlich etwas, was wir Menschen gerne unbedacht lassen: Auf der »inneren Festplatte« des Welpen werden Erfahrungswerte abgespeichert, die genau das Gegenteil von dem sind, was gebraucht wird, um in der Natur zu überleben.

Damit sind wir wieder bei der Arterhaltung und dem Verhalten, das in letzter Konsequenz den Fortbestand aller gefährden könnte. Nehmen wir einmal an, ein Welpe kommt nicht herbei, wenn die Alten das Signal dazu geben, weil er gerade aus seiner Sicht Interessanteres zu tun hat. So geht das einige Tage oder Wochen lang, weil er ja noch so klein und drollig ist. Ihm fehlt zu diesem Zeitpunkt noch jedes Verständnis dafür, was Gefahr

Das ist wichtig

Die vier folgenden Verhaltensweisen sollten Sie immer beherzigen, wenn Sie Ihren Hund gemäß dem Rudelkonzept erziehen möchten:

- **Wohlwollende Konsequenz**
- **Erzieherische Tabuisierung**
- **Artgerechte Disziplinierung**
- **Erzieherisches Spiel**

Angepasst an das jeweilige Alter des Hundes spielen diese Elemente ständig als »erzieherisches Rundumpaket« zusammen.

bedeutet, und so weiß er nicht, dass es z. B. auch Raubvögel gibt, die am Himmel ihre Runden drehen, um Nahrung für ihre Brut zu erbeuten. Beim ersten Mal, wenn er vonseiten der Alten für sein Nichtherkommen keine adäquate Reaktion erfährt, weil man »ein Auge zudrückt«, lernt er, die Signale der Alten zu missachten. Bleiben Maßnahmen der Eltern auch weiterhin aus, verfestigt sich diese Einstellung. Der vorgenannte Raubvogel hat dies im Laufe der Tage auch mitbekommen, und sobald die Gelegenheit günstig ist, wird er seine Chance nutzen. Die einzige Chance, die der Welpe dann noch hat, ist die, dass ein anderes Rudelmitglied ihn geistesgegenwärtig packt und zur Seite schleudert, denn blauäugig, wie er selbst noch ist, hätte er wohl seinen letzten Atemzug getan, ehe er kapiert hätte, was dieser große, schnell herabfallende Punkt über ihm zu bedeuten hat.

Auch wenn der Kleine jetzt vielleicht einen »Mords-Schrecken« hat, steht dem noch die immer wieder gemachte Erfahrung gegenüber,

Viele Hunde fressen sich buchstäblich zu Tode. Ohne Tabu kein Überleben.

dass seine Entscheidung, Signale zu ignorieren, offensichtlich »kein Problem« ist. Das wird durch einen Schrecken nicht ausradiert. Würde die Erziehung jetzt erst beginnen, quasi »aus gegebenem Anlass«, sind diese Erfahrungswerte, die auf Knopfdruck nicht vergessen werden können, der Sache nur hinderlich. Hinzu kommt, dass der Rest des Rudels den Chef binnen kürzester Zeit in Frage stellen wird, denn auf ihn ist ja offenbar kein 100%iger Verlass mehr – sonst hätte er ein solches Verhalten seitens des Welpen nicht zugelassen. Er würde also keine vertrauensvollen Mitstreiter mehr auf seiner Seite haben. Damit wären gleich zwei Probleme entstanden: das eine wäre der Welpe mit seinem bedenklichen Erfahrungsschatz, das andere wäre die beginnende Instabilität des Rudels.

Grenzen setzen von Anfang an

»Wehret den Anfängen« ist ein wichtiger Teil der natürlichen Überlebensstrategie. Nicht nur das Erwerben von Wissen, sondern auch das Minimieren von Gefahr bedeutet Überleben und wird von Generation zu Generation in Form von adäquaten Verhaltensweisen und gelebtem Vorbild weitergegeben. Die Natur ist zwar bisweilen hart, aber dennoch weise. Lernen wir Menschen, hier genau hinzusehen und zu verstehen, macht das auch uns ein bisschen weiser.

Was in freier Wildbahn der Greifvogel, ein hungriger Bär, abrutschende Gesteinsschichten, giftige Pilze oder Pflanzen etc. sind, können in unserem Umfeld Autos, ein herumliegendes Kabel, Putzmittel usw. sein. Handeln wir bereits vom ersten Tag an im Sinne unseres Hundes richtig, also artgerecht, beugen wir zum einen dem Erwerb von hinderlichen Erfahrungswerten vor, und zum anderen minimieren wir damit das Risiko, dass etwas passiert, was ihm – und damit auch uns und Außenstehenden – schaden könnte. Ohne unnatürliche Hilfsmittel. Der zusätzliche Effekt dabei ist, dass wir uns seine Achtung erwerben. Und wen man achtet, dem folgt man gerne und liebt es auch, in dessen Nähe zu sein.

Das hat die Natur klug eingerichtet und es ist auch bei unseren eigenen Nachkommen so. Verantwortliches Handeln beinhaltet eben auch, beizeiten »unpopuläre« Entscheidungen zu treffen und umzusetzen. Wer das wagt, der hat im Allgemeinen schon gewonnen.

Wohlwollende Konsequenz und artgerechte Disziplinierung

Gelebte Konsequenz ist ein hohes Gut. Sie dient in einem Rudel dazu, dass die Regeln und damit die Ordnung für alle klar und nachvollziehbar bleiben. Das ist wichtig für die Stabilität der Gruppe und den Zusammenhalt und bildet damit die Basis dafür, dass das langfristige Zusammenwirken, z. B. das Jagen, gelingen kann. Das heißt zuallererst, dass die Welpen frühzeitig Regeln und Grenzen kennenlernen, die es zuverlässig einzuhalten gilt. So wie unsere Menschenkinder lernen müssen, ein »Nein« zu akzeptieren, müssen dies auch die Jungen. Die »Neins« in einem Rudelverband bewirken das Gleiche wie bei uns Menschen: Sie zeigen auf, wo der individuelle Freiraum endet. Und das ist gut so. Für beide – Menschenkinder und Welpen. Da diese Form der Konsequenz absolut nichts mit Despotismus zu tun hat, sondern einem übergeordneten Ziel dient, bezeichnen wir das als wohlwollende Konsequenz.

Regeln schaffen Ordnung

Hat ein Jungtier, aus welchen Gründen auch immer, Regeln übertreten, erfolgt eine sofortige Reaktion des Chefs oder eines weiteren erziehungsberechtigten Rudelmitglieds. Bei einer geringfügigen Übertretung oder sehr jungen Welpen kann dies ein Drohschnappen oder ein Knurrlaut sein, aus dem eindeutig hervorgeht, was von dieser Regelübertretung zu halten ist. Respektiert es der junge Hund, ist alles wieder in Ordnung. Zeigt sich der Übeltäter nicht beeindruckt und fährt mit dem unerwünschten Verhalten fort, stürzt sich das Alttier mit Getöse auf ihn, die Schnauze ist dabei auf den Nacken gerichtet. Ob er mit seinen Zähnen ins Nackenfell greift, hängt davon ab, ob der Verwarnte sich rechtzeitig auf den Rücken wirft und damit seine Einsicht zu erkennen gibt, was meist der Fall ist. Das wollte der Althund erreichen: die aktive Unterwerfung. Wirkliches Nackenschütteln kommt meist dann zur Anwendung, wenn der Übeltäter schon älter ist. Ziel ist auch hier, dass die aktive Unterwerfung angeboten wird. Das ist vergleichbar mit dem »Schwenken der weißen Fahne«, um zu signalisieren: »Ich habe

Selbst auf geringe Verstöße wird vom erfahrenen Wolf reagiert, hier z. B. mit einem Knurrlaut.

1 Der Ältere und Ranghöhere will seinen Status durch Beschnuppern am Nacken klarmachen. Der aufgelegte Kopf signalisiert Dominanz.

2 Der jüngere Hund möchte sich diesem jedoch zunächst entziehen, indem er dies mit einer versuchten Spielaufforderung umzulenken versucht.

3 Daraufhin folgt ein kurzer Biss in den Nacken des Jüngeren durch den erfahrenen, älteren Rüden, um diesem seinen Erziehungsstatus zu verdeutlichen.

4 Der Jüngere legt sich auf den Rücken, um seine soziale Stellung auszudrücken. Er signalisiert dadurch deutlich seine Unterordnung.

verstanden und lasse es bleiben.« Dass dieses Verhalten eingeübt und erlernt werden kann, ist wichtig, auch für unsere Hunde!
Es dient im weiteren Leben auch dazu, dass Auseinandersetzungen ein friedliches Ende finden können und damit kein unnötiger Schaden an Leib und Wohl beider Kontrahenten entsteht.
Ist alles wieder in bester Ordnung, wird das Alttier wieder zurückweichen und dadurch den entstandenen Druck zurücknehmen. Entspannung tritt ein – und das gute Gefühl, dass die Ordnung wiederhergestellt ist. Auch hier hat die Natur »weiter gedacht«, als wir Menschen das tun, wenn wir glauben, wir täten einem Welpen einen Gefallen damit, es mit einem gut gemeinten Wort bewenden zu lassen. Damit enthalten wir ihm eine wichtige Lernerfahrung auf dem Weg zu einem reifen, charaktervollen Individuum vor.

Die richtige Reaktion im richtigen Moment

Wenn wir das, was im Rudel vorgelebt wird, umlegen auf unser Verhalten dem Hund gegenüber, so werden wir bei leichteren Verstößen hergehen und ihn verbal verwarnen. Dazu packen wir unseren ganzen Unmut, den sein Verhalten in uns auslöst, in unsere Worte. Was Sie dabei sagen oder rufen, ist unwichtig – es kommt darauf an, wie Sie es tun! Seien Sie authentisch! Es darf kein Zweifel daran bestehen, dass Sie sauer sind! Reicht das nicht aus, machen Sie es wie ein Alttier: Greifen Sie zielstrebig in das Nackenfell des

Konsequenz zahlt sich aus

Ohne wohlwollende Konsequenz gibt es keine Erziehung im positiven Sinne. Sie meint, immer in gleicher Weise zu einer Situation stehen – stets zum Wohle des Hundes.

Übeltäters und schütteln ihn kurz. Dabei müssen Sie keine rohe Gewalt walten lassen, sondern nur das zum Ausdruck bringen, was auch in der Natur hier vermittelt wird: »Lass es bleiben!«
Verglichen mit dem Fang eines ausgewachsenen Hundes sind Ihre bloßen Hände für ihn ohnehin um ein Vielfaches angenehmer als dessen Zähne. Sie packen ja auch Ihr Kind fest an der Hand, wenn es im Begriff ist, auf die vielbefahrene Straße zu rennen oder auf die heiße Herdplatte zu fassen, nachdem es Ihre vorangegangene verbale Verwarnung nicht ernst genommen hat. Dabei fügen Sie ihm keine Verletzungen zu, und auch wenn das Kind aufschreien sollte, wissen Sie: »Alles ist in Ordnung!«, denn Sie haben Schlimmeres verhindert. Dabei ist die Haut eines Kindes wesentlich zarter als das Nackenfell Ihres Hundes!
So, wie Kindern lernen, was gut und richtig ist und was sie im Gegenzug besser bleiben lassen sollten, ist es auch bei dem Vierbeiner. Er wird schnell und zuverlässig lernen, auch wenn er Sie manchmal auf die Probe stellen wird, ob Sie es ernst meinen. Aber darauf sind Sie durch die Lektüre dieses Buches ja nun vorbereitet.

Tabu ist tabu

Tabus sind aus dem natürlichen Erziehungsprogramm nicht wegzudenken. Wie alles andere sind sie in letzter Konsequenz darauf ausgerichtet, den Fortbestand zu sichern. Nachdem die Jungen noch keinerlei Gespür haben, was für sie gefährlich sein könnte, wäre es fatal, wenn hier nicht die Erfahrung der Alten weitergegeben werden würde. »Learning by doing« kann in der Natur sehr schnell lebensgefährlich werden.

Tabu ist tabu! Über das Spiel kann das sehr gut eingeübt werden.

Der Rudelchef fädelt das Tabuisieren ganz geschickt ein, indem er den Kleinen etwas Spannendes, meist einen wunderbar duftenden Knochen, gut sichtbar hinlegt und darauf beharrt, dass dieser nicht angerührt wird. Er spricht damit ein klares Verbot aus und achtet auf dessen Einhaltung. Damit der Effekt seine Wirkung nicht verfehlt, weiß er sehr genau, was es zu tabuisieren gilt. Ist die Versuchung sehr groß, wie das bei Futter der Fall ist, ist das Ergebnis umso besser, wenn er sicher sein kann, dass das Verbot auch dann zuverlässig beachtet wird, wenn er sich entfernt. Und das wird er tun, um so seine Zöglinge zu testen. Respektiert einer von ihnen das nicht, wird er sofort zur Tat schreiten und dies durch eine artgerechte Disziplinierungsmaßnahme ahnden. Es ist unerlässlich, dass man sich aufeinander verlassen kann.

Natürliche Dominanz und Autorität

Die Dominanz des Alten, die damit zum Ausdruck gebracht wird, hat nichts mit derjenigen zu tun, die wir landläufig von allerlei Hundeplätzen kennen, welche nichts anderes meint, als den Hund zur »Unterordnung« zu bewegen. Echte, natürliche Dominanz bedeutet aufrichtige Achtung und Respekt und hat nichts damit zu tun, dass der Chef nichts auslässt, um Angst und Schrecken zu verbreiten. Die Welpen und auch die anderen Rudelmitglieder erleben den »Altvorderen« durchaus als liebevollen, wohlwollenden Führer, der Konsequenz und Dominanz dann umsetzt, wenn es angesagt ist. Läuft alles so, wie es soll, hat er es nicht nötig, sich sinnlos in Szene zu setzen. Er ist im Rudel der »oberste Hüter des Wissens«, das vormals an ihn weitergegeben wurde und das er wiederum an die nachfolgenden Generationen übermitteln möchte. Ihm geht es lediglich darum, klare soziale Regeln und Tabus weiterzugeben, damit die Nachkommen darauf vorbereitet werden, den für sie passenden Platz in der Familie einzunehmen.

Keinem Einzigen im Rudel ist damit gedient, wenn Tabus nicht eingehalten werden, weil sie überlebenswichtig sind. Die Jungen werden bald schon zur Jagd gebraucht, damit alle satt werden, nicht nur der Chef. Es wäre somit ein großer Verlust für das Rudel, wenn durch die Nichteinhaltung eines Verbotes ein Jungtier z. B. an einer Vergiftung stürbe, weil es der Verlockung nicht widerstehen konnte, einen giftigen Pilz zu fressen. Genauso ist es nicht zweckdienlich, wenn beispielsweise die Fressordnung täglich neu ausgefochten werden müsste, weil keine klare Linie herrscht.

Zuverlässigkeit auf beiden Seiten

Nichts dient dem Beziehungsaufbau zu unserem Hund besser, als das in unseren Alltag zu übertragen, was das Rudeloberhaupt auch tut: klare Verbote definieren und auf deren zuverlässige Einhaltung achten. Die Tabuzonen ergeben sich ganz von selbst: Schuhe, Telefonkabel, Stuhlbeine, Tischbeine, Sofakissen, Teppiche usw. Wer möchte beispielsweise schon angenagte Sandalen oder zerfetzte Federkissen?

Ziel ist es, dass die von Ihnen gesetzten Tabus von Ihrem Hund auch während Ihrer Abwesenheit respektiert werden. Ihnen sollte die Zuverlässigkeit Ihres Vierbeiners ebenso am Herzen liegen wie seinem Vorbild in freier Natur. Dabei ist Ihre wohlwollende Konsequenz gefordert, was auch bedeutet, ihn gegebenenfalls artgerecht zu maßregeln. Das ist die Zuverlässigkeit, die er wiederum von Ihnen erwartet.

So wichtig es ist, zu Hause klarzustellen, was der Hund bleiben lassen soll, so wichtig ist es auch, Regeln aufzustellen, sobald Sie mit ihm die eigenen vier Wände verlassen. Allzu verlockend ist es, besonders für junge Hunde, Unaussprechliches vom Boden aufzufressen. Erklären Sie deshalb alles, was in diese Kategorie fällt, zum Tabu. Das sollte auch weggeworfene Nahrungsmittel, tote Mäuse usw. einschließen. Außerdem gibt es nicht nur Hundeliebhaber, die es mit unseren vierbeinigen Genossen gut meinen, sondern auch regelrechte Hundehasser. Leider hört man immer wieder, dass vergiftete Köder ausgelegt werden und viele Hunde dadurch schwer erkranken oder sogar sterben. Aber auch Parasiten oder Krankheitserreger tummeln sich oft in dem, was Hundenasen ausgesprochen attraktiv finden. Lassen Sie Ihrem Hund eine artgerechte Erziehung angedeihen, so beugen Sie damit auch so mancher Erkrankung vor, die durchaus vermeidbar ist.

Erzieherisches Spiel

Bis ins hohe Alter bewahren sich viele Hunde ihre Freude am Spielen. Es ist die Interaktionsform, die ihre Erfahrung mit Sozialpartnern bereits sehr früh entscheidend beeinflusst.

Sobald die Kleinen dazu in der Lage sind, ist das ausgelassene Spiel mit der Mutter und den Geschwistern ein Hauptbestandteil ihres Lebens. Man könnte meinen, der Spruch »was sich liebt, das neckt sich« wäre von Welpen erfunden worden. Es geht hoch her in der Krabbelstube, und ein Leben ohne die herzerfrischende Ausgelassenheit im gemeinsamen Spiel wäre recht armselig. Die Welpen würden regelrecht verkümmern, denn die gesunde Entwicklung von Körper, Geist und Seele ist maßgeblich an das Spiel geknüpft. Es ist das beste Training, das man sich vorstellen kann! Nicht nur die körperliche Entwicklung wird dadurch anhaltend gefördert, sondern auch auf mentaler Ebene passiert viel Wertvolles, was sich auch später der werte Hundepapa bei der Erziehung zunutze macht. So wird neben der Geschicklichkeit und dem Konzentrationsvermögen auch die Ausdauer geschult. Wenn man gar zu wild ans Werk geht, erkennen die

Spielend lernt, wer spielen lernt. Das gemeinsame Spiel ist eine wichtige Komponente bei der artgerechten Erziehung.

Kleinen das sofort, denn von Bruder und Schwester kommt umgehend die entsprechende Reaktion. So wird auch spielerisch erlernt und eingeübt, dass man sich beizeiten kontrollieren muss, um einem anderen nicht wehzutun. Spielen bedeutet Kräftemessen genauso wie aufeinander Rücksicht zu nehmen. Die Freude am gemeinsamen Toben verbindet, mündet danach in eine angenehme Erschöpfung, und manch tolles Spielerlebnis begleitet das Hundekind noch bis ins Land der Träume.

Alt lehrt Jung – das uralte Regelwerk der Hunde.

Spiel und Autorität

Für die Welpen bedeutet ein rundherum glückliches Leben vor der achten Lebenswoche: spielen, Nahrung zu sich nehmen und ausgiebig schlafen. Übernimmt der Vaterrüde danach die Erziehungsgeschäfte, bettet auch er das meiste von dem, was es für seine Nachkommen zu lernen gilt, in erzieherisches Spiel ein. Gemeinsam zu toben macht viel mehr Freude, als sich alleine zu beschäftigen, und baut obendrein Spannungen ab. Wenn der Hundepapa sich höchstpersönlich dafür Zeit nimmt, dann ist das ganz besonders toll! Dabei behält dieser immer das Zepter fest in den Pfoten: Er gibt vor, wann, wie und wie lange miteinander gespielt wird. Diese Aufgabe übernehmen wir für die gesamte Dauer des Zusammenlebens mit unserem Hund.

Die Haupterziehungsphase und damit auch das Disziplinieren der Welpen bzw. der jungen Hunde ist vor der Pubertät im Großen und Ganzen nahezu abgeschlossen, denn in dieser ersten Zeit gilt es, alles Wichtige zu erlernen und damit seinen festen Platz im Rudel einzunehmen. Beginnen Sie mit der Umstellung auf das Rudelkonzept erst später und haben damit einen älteren Hund, der Sie erst einmal als Rudeloberhaupt akzeptieren muss, wird erfahrungsgemäß die Umstellungsphase der Zeitraum sein, in dem Sie ihn öfter einmal artgerecht zurechtweisen müssen, weil er die neuen Regeln ja noch nicht kennt und deshalb noch nicht einhält. Im weiteren Verlauf des Zusammenlebens wird lediglich, wenn es

Auch Verbote müssen sein

Mit Tabus und Verboten werden Grenzen aufgezeigt. Dadurch wird ein Rahmen geschaffen, innerhalb dessen der Hund selbstständig Aufgabenstellungen lösen kann und damit zu einem gesunden Selbstbewusstsein findet.

Richtig spielen bedeutet positiven sozialen Kontakt.

nötig sein sollte, »nachkorrigiert«, denn die Beziehung ist gefestigt und das Verhalten der jüngeren Generation vom Respekt den Alten gegenüber geprägt.
Was über all die gemeinsamen Jahre erhalten bleibt, ist das gemeinsame Spiel. Besonders beliebt sind Beutezerrspiele und Laufspiele. Bereits die Welpen zerren und ziehen auf Teufel komm raus an einem Stück Fleisch, einem Ast oder Knochen. Leben Sie bei uns Menschen, balgen Sie sich z. B. um einen alten Lappen oder ein Seil. Der Gewinner bringt die Trophäe meist sofort in Sicherheit und fühlt sich besonders toll! Der Unterlegene lernt, dass es tatsächlich einen gibt, dem er »das Wasser nicht reichen kann«. Das machen Sie genauso: Fordern Sie den Hund mit einem alten Stück Stoff oder etwas anderem, in das er gut hineinbeißen kann, zu einem Beutezerrspiel auf, ziehen Sie, was das Zeug hält und beenden Sie das Spiel, wenn Sie es für richtig halten. Denken Sie bitte immer daran, vom Hund weg zu spielen und richtig Schwung an den Tag zu legen. Danach behalten Sie das Spielzeug bei sich oder überlassen es ab und zu einmal dem Vierbeiner. Wichtig ist, dass er nicht während des Spiels abbricht, weil er vielleicht die Lust daran verloren oder einen verlockenden Geruch in die Nase bekommen hat. In diesem Fall beharren Sie darauf, dass noch kurz weitergespielt wird, und dann beenden Sie das Spiel. So bauen Sie sein Konzentrationsvermögen und seine Ausdauer auf. Wenn Sie beide richtig in Fahrt sind, können Sie ihn während des Zerrens zwischendurch auch spielerisch in seinen Allerwertesten bzw. die Flanken kneifen. Wenn er dabei zu knurren beginnt, ist er so richtig dabei! Akzeptiert er es klaglos, wenn Sie kurz danach das Spiel abbrechen, haben Sie schon viel gewonnen, denn er achtet damit Ihre Autorität.

Spielregeln

Erlebt Ihr Hund Sie im Rahmen des Spiels kraftvoll und souverän, lernt er dadurch auf eine lustbetonte und freudige Art auch Ihre körperliche Überlegenheit kennen. Das stärkt Ihr Ansehen in seinen Augen ungemein, und auch Ihnen tut diese Form der körperlichen Ertüchtigung gut. Im Laufe der Zeit bauen Sie Ihr gemeinsames Spiele-Repertoire nach und nach aus. So können Sie mit Ihrem Hund Apportierspiele einüben, bei denen ebenfalls gelten sollte: Sie beenden das Spiel. Manche Hunde haben zwar Lust, zwei- oder dreimal den Ball zurückzubringen, aber dann möchten sie lieber im Gras schnüffeln und lassen den Menschen, der eigentlich der Chef sein sollte, damit links liegen. Beharren Sie auch hier auf einer Fortsetzung und beenden erst danach das Spiel.

Nach und nach können Sie das ausdehnen und haben damit eine Möglichkeit, Ihrem Hund auch dann ausreichend Spaß und Bewegung zu verschaffen, wenn Sie selbst vielleicht einmal gesundheitlich etwas angeschlagen sind, denn Ihr Vierbeiner legt dabei deutlich weitere Strecken zurück als Sie, und das auch noch in einem höheren Tempo als bei einem normalen Spaziergang. An heißen

Der Mensch bestimmt die Regeln beim gemeinsamen Spiel.

Regeln gehören zu jedem Spiel. Damit wird u. a. die soziale Kompetenz unseres Hundes gefördert.

Tagen freut sich Ihr Hund auch darüber, wenn er aus dem See immer und immer wieder ein Stöckchen holen und sich dabei ausgiebig erfrischen darf!

Was bereits sehr junge Hunde können, ist, das Lieblingsspielzeug in der Wohnung zu suchen. Lassen Sie den Hund dazu z. B. in der Küche im »Sitz« warten, während Sie im Wohnzimmer den Lappen, mit dem Sie sonst zusammen das Beutezerrspiel spielen, irgendwo auf den Boden legen. Gehen Sie danach wieder zu ihm zurück und fordern Sie ihn zum Suchen auf. Hat er es gefunden, belohnen Sie seine Meisterleistung mit einem freudigen Beutezerrspiel.

Spielen fördert die emotionale Beziehungsbasis.

So können Sie sich im Laufe der Zeit immer anspruchsvollere Verstecke ausdenken und das Ganze auch auf die Wiese verlegen und während des Spaziergangs einbauen.

Auch »richtige« Fährtenarbeit, zu der der Hund artgerecht angeleitet wird und nur mit der Nase sucht, macht vielen Vierbeinern Spaß. Das Spielzeug, das Sie auf Ihren Spaziergang mitnehmen, kann Ihr treuer Gefährte auch selbst tragen. Sie werden sich wundern, wie viele Passanten sich plötzlich lächelnd nach ihm umdrehen und freundliche Worte für Ihren Hund finden, »obwohl« er vielleicht groß und schwarz ist und man ihn ansonsten eher als furchteinflößend empfindet. Und bei Rassen, die laut Standard nicht besonders knuddelig und lieb sind bzw. sogar als eher schneidig, aggressiv und beschützerisch gelten, steigert das diesen Effekt noch um ein Vielfaches!

Spiel und Spaß mit Lerneffekt

Bei Hunden verhält es sich in puncto spielen nicht anders als bei unseren Kindern. Je mehr gerade erstes Lernen als Spiel empfunden wird, desto besser. Gemeinsam zu spielen ist zudem noch ein wunderbarer Abschluss nach einer Arbeits- oder Konzentrationsphase. Es entlastet mental und baut Spannungen ab. Gleichzeitig wird das Zusammengehörigkeitsgefühl gestärkt, man hat gemeinsam Spaß und wächst als echtes Team zusammen. Deshalb spielt bei der Rudelkonzeptphilosophie das gemeinsame Spiel eine ganz besondere Rolle. Eine noch so gut gemeinte Leckerli-Belohnung oder ein übertrieben freudiges Gekreische im Kombipack mit ausgiebigem Getätschel kann nie das ersetzen, was das Spiel beinhaltet! Hat Ihr Hund gelernt, dass er, wenn er seine Sache gut gemacht hat, mit Ihnen spielen darf, wird er freudig mit Ihnen zusammenarbeiten.

Durch artgerechtes Spiel wird der Hund kognitiv gefordert und gefördert.

Spielen macht glücklich und intelligent

Mit keiner noch so neumodischen Lernmethode können Sie Ihren Hund so glücklich machen wie mit einem artgerechten gemeinsamen Spiel! Dabei fördern Sie auch noch ganz nebenbei seine Intelligenz, denn er wird dazu veranlasst, mitzudenken und je nach Spiel eigene Lösungsstrategien zu entwickeln, wenn Sie ihm die Regeln aufzeigen und er den damit gegebenen Freiraum eigenständig nutzen darf.

Ein artgerechter »Rüffel« tut der Freude keinen Abbruch, wenn er tatsächlich einmal in seinem Überschwang etwas wilder als erwünscht mit Ihnen tobt. Auch das kennen wir von unseren Kindern.

Das Spiel mit den Artgenossen ist ebenso wichtig. Hier wird auch auf spielerische Weise vieles eingeübt, was der Entwicklung zu einer kompetenten Hundepersönlichkeit Vorschub leistet. Wenn Ihr Hund gerade intensiv ins Spiel mit einem anderen Vierbeiner verwickelt ist, rufen Sie ihn zu sich, lassen ihn neben sich warten und entlassen ihn dann wieder zurück aufs Spielfeld. Alternativ dazu können Sie auch, wenn er bei Ihnen angekommen ist, selbst mit ihm spielen. Klappt das zuverlässig und problemlos und er schenkt Ihnen seine ganze Aufmerksamkeit, ohne sich von den Artgenossen ablenken zu lassen, haben Sie allen Grund zur Freude!

Hier noch einmal meine ausdrückliche Bitte an Sie: Spielen Sie auch noch mit Ihrem Hund, wenn er in die Jahre kommt, soweit er physisch dazu in der Lage ist! Dadurch bleibt er körperlich und geistig rege, und sein Vertrauen und die Bindung an Sie erfahren täglich aufs Neue eine Auffrischung auf eine für Sie beide beglückende Art und Weise.

Die Konzentrationsübung »Sitz«

Eine der grundsätzlichsten Übungen bei der Hundeerziehung ist das »Sitz«. Deshalb soll im Folgenden etwas ausführlicher darauf eingegangen werden.

Der Ursprung der Konzentrationsübung

Bevor wir uns mit der Ausführung der Konzentrationsübung im Praktischen und Schritt für Schritt beschäftigen, möchte ich Ihnen zuerst das Phänomen »Sitz« erklären:
Wir können jedem Hund, egal ob es der eigene ist oder nicht, eines sofort beibringen, nämlich das »Sitz«. Hierfür benötigen wir nur ein Stückchen Futter, das wir erwartungsvoll über seine Schnauze halten, ohne es ihm zu geben. Nach sehr kurzer Zeit wird sich der Hund voller Hoffnung auf den bevorstehenden Gaumenkitzel hinsetzen, also »Sitz« machen.
Warum ist das so?
Betrachten wir dieses Verhalten aus verhaltensbiologischer Sicht, so kommen wir dem Phänomen schnell auf den Grund. Wie alle Züchter unter Ihnen wissen, legt sich die Mutterhündin beim Säugen in den ersten zwei bis drei Wochen seitlich auf den Boden oder dreht sich beinahe auf den Rücken dabei, damit die Welpen ohne große Anstrengung zum Saugen an die Zitzen kommen. Etwa ab der dritten Lebenswoche der Welpen ist das jedoch nicht mehr so, dann nämlich steht die Hundemama und säugt ihre Kinder im Stehen. Um jetzt an die Zitzen zu gelangen, müssen sich die Welpen setzen, um bequem daran saugen zu können. Zudem bepföteln die Kleinen das Gesäuge der Mutter, damit die Milch besser und vermehrt einschießen kann. Dieses »Anrüsten des Gesäuges«, wie es fachmännisch heißt, per Pfote nutzen wir später aus, um unserem Hund das Pfötchengeben beizubringen. Verhaltensbiologisch gesehen ist also das »Sitz« bei unseren Hunden eine Erwartungshaltung auf Futter, was zugleich beim Hund einen hohen neuronalen Reiz auf das gesamte Nervensystem auslöst. Das kann man gut in der Praxis beobachten, wenn der Hund das zu erwartende Futter nicht bekommt. Was passiert dann? Richtig: Der Hund steht auf, läuft weg oder fängt eventuell sogar an zu bellen, weil ihm der neuronale Druck zu groß wird. Ist die Erwartungshaltung erfüllt, weil er das Futterstückchen bekommt, können wir das Gleiche beobachten:
Der Hund steht aus dem »Sitz« auf.
Ergo: Verlangen wir von einem Hund, sich hinzusetzen, spielt immer die Erwartungshaltung

Die Vorteile der »Sitz«-Übung

Im Rahmen der Konzentrationsübung lernt der Hund, dass die Entscheidungshoheit bei seinem Menschen liegt. Dadurch wird sein Konzentrationsvermögen gestärkt und Vertrauen aufgebaut.

auf Futter aus den vergangenen Welpentagen mit, selbst dann, wenn wir ihm gar keines dafür geben wollen und noch nicht einmal etwas Fressbares dabeihaben. Zudem bedeutet es für unseren Vierbeiner, sich diesem neuronalen Reiz auszusetzen.
Nun stellen Sie sich vielleicht folgende berechtigte Frage: Warum kann man das »Sitz« für einen Beziehungsaufbau bzw. eine -umstellung in artgerechtem, erzieherischem Sinne nutzen?
Fordern wir von unserem Hund das »Sitz«, ohne dass er dafür Futter bekommt, so fordern und fördern wir ihn zugleich in seiner Konzentrationsfähigkeit und -bereitschaft. Er muss nämlich diesem neuronalen Reiz standhalten, lernt damit umzugehen und zugleich seine Aufmerksamkeit und Konzentration auf uns zu richten. Darüber hinaus steigt seine kognitive Lernbereitschaft über diesen Modus an, und das können wir verstärkt in das Beziehungstraining mit unserem Hund einbauen.

Die Konzentrationsübung »Sitz« in Einzelschritten

Betrachten wir die Durchführung der Konzentrationsübung als Grundlage des artgerechten Beziehungstrainings und der Beziehungsumstellung in Einzelschritten:

1. Rufen Sie Ihren Hund mit dem von Ihnen festgelegten Wort zum Herankommen zu sich. Körpersprachlich können Sie dies unterstützen, indem Sie nach dem Rufen in die Hocke gehen. Ist Ihr Hund ca. 1 m vor Ihnen, begeben Sie sich wieder in die normale aufrechte Körperhaltung.

Die Basis des Beziehungstrainings: die Konzentrationsübung.

2. Tun Sie dies im richtigen Moment, wird Ihr Hund schon von sich aus in die Erwartungshaltung »Sitz« gehen. Sagen Sie es aber dennoch am Anfang zu seiner Unterstützung dazu.

3. Danach gehen Sie rückwärts nach hinten von ihrem sitzenden Hund weg. Bitte drehen Sie sich dabei nicht um, dies wäre das körpersprachliche Signal, dass Ihr Hund Ihnen folgen soll, und dies wollen wir hier auf keinen Fall! Sind Sie ca. 3–4 m von Ihrem Hund entfernt, bleiben Sie stehen. Zu Beginn der Konzentrationsübung ist es nicht wichtig, die Distanz auszudehnen, sondern dass Sie zurückgehen können, ohne dass Ihr Hund Ihnen folgt. Bleibt er sitzen, haben Sie schon einen

Teilerfolg erreicht: Ihr Hund bleibt sitzen und richtet seine Konzentration auf Sie und nicht auf etwaiges Futter!

4. Das Rückwärtsweggehen mit dem Hund zugewandtem Gesicht hat noch einen anderen Sinn: Sie definieren hiermit ihre Privatsphäre, so wie es die Rudeloberhäupter in der Hundefamilie auch tun. Ihr Hund sollte dies respektieren lernen und nicht ohne Ihre Aufforderung diesen Raum betreten. Ist Ihr Hund beim Sitzen nicht immer auf Sie fixiert, ist das kein Problem. Der Job, den er jetzt von Ihnen bekommen hat, lautet, dass er das »Sitz« einhalten soll und nicht wie beim Militärdienst seinen Vorgesetzten anstarren muss!

5. Als Nächstes bestimmen Sie nun die Zeitdauer, die der Hund sitzen bleiben und Ihre Privatsphäre achten soll. Hat er dies so lange akzeptiert, wie Sie vorgesehen haben, dann bekommt er von Ihnen das beste Lob und wertvollste Zeichen Ihres Wohlwollens, das es für Hunde gibt: ein ausgiebiges Beutezerr- und Laufspiel!

6. Dazu begeben Sie sich wieder zu Ihrem Hund, bleiben vor ihm stehen und bieten ihm mit einem extra dafür festgelegten Wort das Spielzeug zu einem Beutezerrspiel an, indem Sie sofort wieder nach hinten zurückgehen, evtl. sogar laufen. Machen Sie ihm mit Spielmotivation klar, was Sie jetzt von ihm wollen: ein Kampfspiel um die Beute!

7. Spielen Sie ausgelassen mit Ihrem Hund und zerren Sie dabei so gut und schwungvoll Sie können! Bleiben Sie bitte nicht statisch, sondern spielen Sie das Beute- und Zerrspiel raumgreifend! Lassen Sie auch Ihren Hund in seine Richtung ziehen, so wie beim guten alten Tauziehen. Und denken Sie immer daran, dass dies nicht nur ein Spiel um des Spieles wegen ist, sondern das beste Lob, das Sie Ihrem Hund geben können! Zudem fördern Sie die geistige und emotionale Bindung zwischen Ihnen beiden.

8. Wenn Sie der Meinung sind, jetzt sei genug gespielt und gelobt, brechen Sie das gemeinsame Zerrspiel ab, jedoch nicht einfach mit »Aus« oder »Schluss«, sondern wie folgt: Bevor Sie das Spiel beenden wollen, zerren Sie weiter mit Ihrem Hund, nehmen dabei jedoch das Spielzeug nur in eine Hand und drehen sich mit dem noch daran zerrenden Hund um. Gehen Sie zunächst ca. 3–4 m geradeaus weg. Der Hund hat dabei das Spielobjekt noch im Fang, und erst jetzt kommt Ihr »Aus«, sodass Ihr Hund Ihrer Anweisung von sich aus folgt und es freiwillig loslässt. Außerdem geben Sie mit Ihrer Körpersprache klar vor, was Sie von Ihrem Hund jetzt erwarten, nämlich dass er Ihnen nach dem Abbruch des Spieles folgen soll.

9. Um das freiwillige Folgen Ihres Hundes zu kontrollieren, drehen Sie sich bitte nicht auf der geraden Strecke nach dem »Aus« um, sondern gehen nach ca. 10 m einen rechten Winkel nach links oder rechts, je nachdem, wie es das Gelände erlaubt. Dabei können Sie aus den Augenwinkeln sehen, ob Ihr Hund Ihnen die »Gefolgschaftstreue«, wie

es Konrad Lorenz einmal ausdrückte, zeigt oder nicht!

10. Fahren Sie wie eben beschrieben fort, indem Sie nach weiteren 10 m wieder einen Winkel einbauen usw.

11. Können Sie vier bis sechs Winkel nacheinander vollziehen, dann haben Sie bereits einen großen Schritt im artgerechten Beziehungsaufbau getan! Wenn Ihr Hund Ihnen durch alle Kurven folgt, zeigt er Ihnen sein bedingungsloses Vertrauen.

1 Rufen Sie Ihren Hund zu sich. Gehen Sie dabei in die Hocke.

2 Kurz bevor er bei Ihnen ist, stellen Sie sich wieder hin und sagen »Sitz«.

3 Danach gehen Sie rückwärts von Ihrem Hund weg und bestimmen damit Ihren Individualraum.

4 Bleibt Ihr Hund so lange sitzen, wie Sie meinen, gehen Sie auf ihn zu und fordern ihn zu …

5 … einem Beutezerrspiel auf. Dabei kann richtig getobt werden

6 Sie können nicht zu viel, sondern nur zu wenig motiviert spielen!

7 Bevor Sie das Spiel abbrechen, drehen Sie sich mit dem weiterspielenden Hund um.

8 Gehen Sie zunächst weiter und sagen Sie dann nach ca. 4 m »Aus«.

9 Dabei gehen Sie zügig geradeaus weiter ohne sich umzudrehen.

8

9

10 Nach ca. 10 m machen Sie einen Winkel – und Ihr Hund sollte Ihnen folgen.

11 Die Übung sitzt, wenn Ihr Hund vier bis sechs Winkel mitmacht.

10

11

Artgerechtes Training der Übung »Platz«

Wenn Sie Ihrem Hund das Kommando »Platz« nahebringen möchten, können Sie auch dies auf verhaltensbiologischer Basis tun. Wie wir bereits erörtert haben, bedeutet das Sitzen für einen Hund immer einen neuronalen Reiz, besonders bei jungen Hunden und solchen, die im Beziehungsaufbau noch nicht besonders vorangekommen sind.
Die neuronale Belastung unseres Hundes nützen wir, um ihm auf kognitiver Ebene (durch das gesprochene Wort) und mittels körpersprachlicher Hilfen das »Platz« beizubringen. Gehen Sie wie folgt vor:

1. Rufen Sie Ihren Hund zu sich und lassen Sie ihn auf einer glatten Fläche (Parkett, Fliesen etc.) sitzen. Gehen Sie ca. einen halben Meter seitlich weg und bleiben stehen.

Auch »Platz« kann Ihr Hund ohne Leckerlis erlernen.

2. Da es Ihrem Hund nach einiger Zeit schwerfallen wird, die Sitzposition beizubehalten, möchte er sich am liebsten neuronal entlasten, indem er sich hinlegt, also »Platz« macht.

3. Die ersten Anzeichen dafür erkennen Sie daran, dass er sich zu kratzen oder zu gähnen beginnt. Beides sind Anzeichen eines inneren Konfliktes, da er sich ja am liebsten hinlegen würde, aber auch das von Ihnen geforderte »Sitz« einhalten möchte. Genau in so einem Moment sagen Sie »Platz« zu ihm und wiederholen dieses Wort mehrmals. Legt sich Ihr Hund dabei hin, gehen Sie ein paar Schritte rückwärts weg und lassen Sie ihn einige Zeit liegen. Danach loben Sie ihn mit einem Beutezerrspiel!

4. Falls sich Ihr Hund nicht gleich hinlegen sollte, fahren Sie wie folgt fort:
Wiederholen Sie immer weiter das Wort »Platz« und gehen dabei leicht mit dem Oberkörper nach vorne in Richtung seines Nackens. Sie sollten dies jedoch nicht ruckartig, schnell oder hektisch tun, sondern ruhig und fließend, dabei das Wort »Platz« immer wiederholend. Legt sich nun Ihr Hund durch die Zuhilfenahme der Körpersprache hin, treten Sie wieder zurück, warten eine Weile und loben ihn danach mit einem Beutezerrspiel.
Wenn Sie dies ein paar Mal mit Ihrem Hund in dieser Form einstudieren, wird er innerhalb kürzester Zeit das »Platz« zuverlässig beherrschen, da er es kognitiv verinnerlicht hat.

Die Menschenhand als Schnauzenersatz bei der Erziehung

Im Vergleich zu dem, was eine Hundeschnauze zu leisten vermag, ist die Leistungsfähigkeit unserer menschlichen Hand sehr eingeschränkt. Dennoch müssen wir mit ihrer Zuhilfenahme versuchen, das zum Ausdruck zu bringen, was unser Hund nach seiner Art verstehen kann. Damit stehen wir als Menschen vor einer Herausforderung, denn das alte Sprichwort »Das Gegenteil von ›gut‹ ist nicht ›schlecht‹, sondern ›gut gemeint‹« stimmt auch hier. Damit unsere Hunde uns nicht missverstehen, müssen wir uns mit ihrem Wesen beschäftigen und versuchen, die Welt aus ihren Augen zu sehen.

Bereits als Welpen erleben unsere Hunde die zärtlichen und liebevollen Berührungen der Mutter. Sie stupst sie, leckt sie mit ihrer Zunge und trägt sie auch, wenn es erforderlich ist, in ihrem Fang von einem Ort zum anderen. Für einen relativ kurzen Zeitraum erleben sie auch die Schnauze der Mutter und anderer Rudelmitglieder als wunderbare Futterquelle, solange sie ihnen Futter hervorwürgt. Von den Geschwistern werden sie schon sehr früh auch mal deftig gezwickt und tun das im umgekehrten Falle ebenso.

Übernimmt der Hundepapa dann die Erziehungsgeschäfte, werden sie von ihm mit der Schnauze zur Disziplinierung im Nackenfell gepackt. Gleiches tun ältere Tiere mit Erziehungsqualitäten auch bei den jüngeren Geschwistern. Will der Alte einem Jungen gegenüber seine tiefe Zuneigung zum Ausdruck bringen, umfasst er mit seinem Fang das Köpfchen seines Kindes, und auch andere ältere Rüden tun es ihm nach. Sind die Welpen gewachsen und ihre Köpfe zu groß, um sie ganz in den Fang zu nehmen, umfasst er zärtlich ihre Schnauzen so weit es irgendwie geht. Fordert er nach einer gravierenden Regelüberschreitung die Unterwerfung seiner Zöglinge ein, setzt er seine Zähne an die Kehle des Unterwürfigen. In besonders friedlichen und harmonischen Zeiten liegt das Rudel nah zusammen und bezeugt durch ausgiebiges Belecken und vorsichtiges, hingebungsvolles Beknabbern der Familienmitglieder (ethologisch auch »Brutpflegeverhalten« genannt) seine gegenseitige Zuneigung.

Mamas Schnauze – die »Sozialpflegestation« in den ersten Lebenswochen.

Keine Disziplinierung per »Schnauzengriff«, sondern Schnauzenzärtlichkeit zeigen diese Wölfe.

Ein Zeichen von freundlicher Gesinnung ist es auch, sich gegenseitig die Lefzen zu lecken, wohingegen bei Auseinandersetzungen hier auch mal gezwickt wird. Zum Kräftemessen und freundschaftlichen Herumbalgen greifen sich die Hunde zeitlebens immer wieder gegenseitig ins Hals- und Nackenfell und ziehen sich manchmal, soweit es das Körpergewicht zulässt, auch ein wenig gegenseitig umher. Das Spektrum der Einsatzmöglichkeiten ist noch breiter, als es in diesem Rahmen geschildert werden kann, aber es verhält sich immer so, dass die Rudelmitglieder zu jedem Zeitpunkt genau wissen, was sie tun und was sie davon zu halten haben. Uns Menschen jedoch fällt dies schwer, denn wir selbst sind zum einen nicht mit einer Hundeschnauze ausgestattet und agieren untereinander zuweilen anders, als Hunde das tun – und zum anderen fehlen uns häufig die Möglichkeiten, sozial kompetente und gut aufeinander eingespielte Hunde ausgiebig über einen längeren Zeitraum zu beobachten, um davon zu lernen. Unsere menschliche Denkweise in unserer Kultur über das, was wir von Hunden zu halten haben, ist geprägt von zwei Extremen: der Mär vom bösen Wolf und dem Klischee, dass Hunde die besseren Menschen seien. Deshalb sind wir auch geneigt, ihr Verhalten als »gut« oder »böse« zu betiteln, auch wenn es das aus Sicht der Hunde so nicht ist.

Populäre Irrtümer

Hunde sind ein Teil der Natur und dem natürlichen Zyklus des Lebens noch wesentlich näher als wir. Alles, was sie tun oder lassen, folgt in letzter Konsequenz nur einem Zweck: den Fortbestand der Art zu gewährleisten. Vor diesem Hintergrund sollten wir auch darüber nachdenken, was wir zu tun haben, wenn wir das, was durch den Einsatz der Schnauze von einem erfahrenen Hund an einen Artgenossen übermittelt wird, auf unsere menschliche Hand übertragen wollen.

Wir sollten uns zum Wohle unserer Hunde an dem natürlichen Vorbild orientieren und nicht von populären Lehrmeinungen beeinflussen lassen, die morgen schon wieder ganz anders aussehen können. Eine davon ist, dass ein Hund kopfscheu werde, wenn man ihn im Nacken packt, weil er das als Totschütteln ansehe. Wie wir wissen, tut das bereits die Hundemama, wenn sie ihre Kinder trägt oder auch manchmal aus Gründen der Sicherheit zurück ins Lager bugsiert. Ebenso setzt der Hundepapa seine Schnauze zu Erziehungs-

zwecken in das Nackenfell, und auch im ausgelassenen Kräftemessen mit vertrauten Artgenossen ist das gängige Praxis.
Ein weiteres Gerücht möchte ich auch in diesem Zusammenhang auflösen: Greift man dem Hund, wenn er auf dem Rücken liegt, an die Kehle, gehe er davon aus, dass der Mensch ihn töten wolle. Die Natur hat kein Interesse daran, dass es zu sinnlosen Tötungen kommt. Deshalb erlernen bereits die Welpen durch unser artgerechtes Verhalten und ausreichend Kontakt zu älteren, erfahrenen Hunden eine ganze Palette an aggressionshemmenden Verhaltensweisen. Eine davon ist die sogenannte aktive Unterwerfung. Das bedeutet, sie lernen in Rückenlage nicht nur ihre Kehle anzubieten, sondern auch den extrem verletzbaren Bauch, um zu signalisieren: »Ich akzeptiere deine Überlegenheit!«. Dabei heißt es auch, ruhig und ohne Gegenwehr liegen zu bleiben, bis der Ältere das beendet. Damit ist dann alles wieder gut. Zu einem finalen Tötungsbiss kommt es in einem natürlichen Umfeld nur in den allerseltensten Fällen und hätte dann aus hündischer Sicht überlebensnotwendige Gründe!
Das Unterwerfungsverhalten dient dazu, um weiteres Fehlverhalten auszuschließen und dadurch Verluste eben zu vermeiden. Im Gegenzug erlernen Hunde auch schon früh die Beißhemmung, und diese wird in einem intakten Hundegehirn aktiviert, sobald sich ein Artgenosse unterwirft. Auch beim innerartlichen Kräftemessen üben die »Raufenden« immer wieder den Griff mit der Schnauze zur Kehle des anderen, sobald er auf dem Boden liegt, und ehe man sich versieht, werden bei ausgeglichenen Kräfteverhältnissen die Rollen getauscht.

Irrtümer vermeiden

Nicht jede Lehrmeinung hat Bestand. Irrtümer entstehen immer dann, wenn der Mensch sich den Dingen aus menschlicher Sichtweise nähert und nicht aus dem Blickwinkel des Hundes heraus.

Was Menschen, die hartnäckig bestrebt sind, an vorgenannten Missverständnissen festzuhalten, häufig außer Acht lassen, ist weiterhin die Tatsache, dass unsere menschliche Hand frei von spitzen Zähnen ist und auch die Kraftübertragung, zu der ein ausgewachsenes Hundegebiss imstande ist, von uns üblicherweise nicht geleistet werden kann. Zudem sind Haut und Fell des Hundes ausgesprochen widerstandsfähig und im Vergleich zu unserer eigenen Haut um ein Vielfaches

Den Blickwinkel des Hundes verstehen, bedeutet Irrtümer vermeiden.

robuster. Sollten Sie also ernsthaft darüber nachgedacht haben, ob Sie bei der artgerechten Erziehung Ihrem Hund Schaden zufügen könnten, so dürfen Sie spätestens ab jetzt Ihre Befürchtungen über Bord werfen.

Streicheleinheiten zur rechten Zeit

Zu Beginn dieses Kapitels haben Sie gelesen, wie zärtlich und liebevoll man in einem Rudel im Normalfall miteinander umgeht. Das sollte auch bei Ihnen so sein, allerdings bitte ich Sie, sich auch hierbei an den Gegebenheiten in einem natürlich gewachsenen Rudelverband zu orientieren. Wir Menschen neigen häufig dazu, unsere Hunde auch in Situationen ausgiebig zu streicheln, wo das Rudel so nicht vorgehen würde. Ein Klassiker ist hierbei das gut gemeinte Tätscheln, wenn ein Hund beruhigt werden soll, weil er aufgebracht bellt oder sich ängstlich und Schutz suchend bei uns verkriechen will. Zärtlichkeitsgesten werden im Rudel nur gezeigt, wenn alles tatsächlich gut ist. Das ist im Fall von Ängstlichkeit oder übertriebener Aufgeregtheit eines Hundes nicht gegeben. Streicheln wir den Hund aber doch, erreichen wir das Gegenteil, d. h. wir bestärken ihn dadurch in seinem Verhalten und geben ihm durch den stattfindenden Körperkontakt sogar noch Recht.

Holen wir einen Welpen mit acht Wochen zu uns, ist sein Nervenkostüm zu diesem Zeitpunkt besonders belastbar, und Sie dürfen ihm zutrauen, dass er Sie z. B. bei einem Gewitter oder einem lauten Knall nicht als Verräter ansieht, wenn Sie ihn dabei nicht aufopferungsvoll beruhigen, falls er sich tatsächlich erschrecken sollte. Übrigens gibt es in der Natur kein Tier, das »Angst« vor Gewitter hat, also vor Donner und Blitz!

Kuscheln zur rechten Zeit – unabdingbar für eine emotionale Beziehung!

Menschliche Gedankenfallen

Eine Falle, in die wir Menschen auch gerne tappen, ist das Streicheln zur vermeintlichen Belohnung, wenn der Hund nach mehreren Anläufen etwas richtig gemacht hat. Häufig geschieht das, wenn es endlich geklappt hat, dass der Vierbeiner schön »bei Fuß« geht.

Stimmt die Beziehung, dann können Hund und Mensch körperliche Nähe rundherum genießen, ohne dass Probleme dadurch entstehen.

Tätscheln wir dann aus Erleichterung seinen Kopf, kann es vorkommen, dass er im nächsten Moment irgendetwas tut, was er eigentlich nicht soll, z. B. wegspringen oder im Gras herumschnüffeln. Wir müssen daran denken, dass wir in solchen Situationen das bestärken, was der Hund gerade tatsächlich im Kopf hat! Für uns ist das aber kaum erkennbar, und wenn der Vierbeiner beispielsweise stehen bleibt und lieber schnüffelt, war es genau das, was in dem Moment durch seinen Kopf ging, als Sie ihn gestreichelt haben.

Was Sie auf jeden Fall tun sollten, ist, ausgiebig mit Ihrem Hund zu kuscheln, ihn zu streicheln oder zu knuddeln, wenn Sie und er das Bedürfnis danach haben und alles in »Butter« ist! Dabei dürfen Sie auch wie der liebevolle Hundepapa die Schnauze Ihres Hundes umfassen, denn das ist keine Zurechtweisung, auch wenn es häufig in der heutigen Hundeszene so dargestellt wird. Genießen Sie mit ihm zusammen diese innigen Zeiten. Welcher Vierbeiner liebt es nicht, am besten stundenlang gekrault zu werden, während Herrchen sich das Sportstudio ansieht? . ... oder eng an Frauchen gekuschelt im Gras die wärmenden Sonnenstrahlen zu genießen (während sie von einem Spaziergang am Strand und der Hund von einem riesigen Knochen träumt)? Sie finden gemeinsam mit Ihrem treuen Gefährten gewiss die passenden Nischen in Ihrem gemeinsamen Alltag, da bin ich mir ganz sicher! Schließlich sind Sie ein Team, und Ihr Hund wird das Seine dazu tun, damit Sie auf keinen Fall vergessen, dass Streicheln etwas Wunderschönes ist.

Rescue-Hunde: alte Ängste, neue Chancen

Der Trend zum Rescue-Hund nimmt beständig zu. Durch das Internet ist es möglich, länderübergreifend Informationen und Bilder von armseligen Hunden auszutauschen, die meist dem sicheren Tod in einer Tötungsstation oder durch Verwahrlosung gerade noch entkommen sind. Nicht nur erwachsene Hunde, sondern auch Welpen treten durch international vernetzte Vermittlung die Reise zu den Menschen an, die diesen Vierbeinern helfen möchten, das Elend, das sie erlebt oder besser überlebt haben, zu vergessen.

Mittlerweile kein seltener Anblick mehr: so genannte Rescue-Hunde.

Was Sie an Informationen zur Vergangenheit der Tiere in Erfahrung bringen können, ist traurig, aber dennoch nicht aussagekräftig. Der neue Tierhalter kann zwar nachvollziehen, auf welchem Wege der Hund seinen Weg zu ihm findet, aber das, was tatsächlich wichtig ist, weiß er nicht: welche Spuren der Vergangenheit sich wirklich in die Seele seines neuen Schützlings tief eingegraben haben. Körperliche Verletzungen heilen deutlich schneller als seelische Wunden. Und vor allem: Sie haben keine Chance, dies von außen zu erkennen.

Wenn Sie sich einen Welpen von einem guten Züchter nach Hause holen, gehen Sie bei der Auswahl sehr sorgfältig vor. Sie prüfen, ob auch alles im Sinne des Hundes bestens abgelaufen ist, und besuchen den Kleinen, schon bevor Sie Ihn abholen, sooft es irgend geht. Bei einem »Import-Hund« haben Sie trotz aller Sorgfalt im Vorfeld keine Ahnung, welche Traumata auf vier Pfoten Sie sich ins traute Heim holen. Erschreckend ist der hohe Grad der körperlichen und seelischen Verkümmerung, die solche Hunde häufig mitbringen.

Das Ausmaß psychischer Verwundungen zeigt sich erst nach und nach, ebenso wie die Verhaltensweisen, die Ihr neuer Schützling sich aufgrund dessen angeeignet hat. Bei allen Hunden müssen Sie damit rechnen, dass die Prägung auf den Menschen nicht optimal abgelaufen ist, dass er kaum in Kontakt mit Umwelteinflüssen gekommen ist, die wir hier als

Ohne Sicherheit keine Partnerschaft

Unsicherheit entsteht aus Unwissen – der Hund will wissen, dass er beim Nichtartgenossen Mensch sicher aufgehoben ist. Dieses Vertrauen muss mit Geduld und Konsequenz erarbeitet werden.

alltäglich empfinden. Untergründe, Gerüche, Geräusche u. v. m., die für uns selbstverständlich sind, können bei ihm große Unsicherheit auslösen. Viele Hunde mussten jagen, um zu überleben. Manch gequälter Hund zeigt problematisches Verhalten, wenn er Menschen begegnet, die ihn an seine Peiniger erinnern. Auch das Wandern von Hand zu Hand, bis er bei Ihnen ankommt, begünstigt die Stabilität seines Innenlebens keineswegs.
Findet so ein Hund in seinem Menschen keine sichere Autoritätsperson im positiven Sinne, die ihm Sicherheit bietet, so wächst sein innerer Scherbenhaufen täglich mehr. Die Spirale aus Angst und Kompensationsverhalten, in der er gefangen ist, dreht sich damit unaufhörlich weiter. Für den Hundehalter ist ein solcher Hund ein lebender Appell an seine Führungsqualitäten. Kommt der Hund in ein neues Zuhause, in dem er artgerecht behandelt wird, ist das *die* Chance für ihn, aus diesem Teufelskreis herauszufinden, nach und nach Vertrauen in die Welt, die ihn umgibt, zu gewinnen und hineinzugehen in ein neues Leben, das auch der Mensch sich für ihn wünscht, seit er zum ersten Mal in seine Hundeaugen geblickt hat.

Seelische Schatten

Hinterfragen Sie sich bitte vor der Anschaffung, ob Sie dazu in der Lage sind, Ihrem neuen Familienmitglied auch in schwierigen Situationen artgerecht zu begegnen und nicht aus falsch verstandener Tierliebe Fehler machen werden. Streicheln Sie ihm z. B. bei den ersten Anzeichen der Unsicherheit liebevoll das Köpfchen und reden Sie ihm dabei gut zu, bestätigen Sie damit seine Ängste und die Annahme, dass die Welt böse sei. Das ist das Gegenteil von dem, was er braucht. Ihm ist nur dann geholfen, wenn er in Ihnen jemanden findet, der ihm souverän zeigt, wie er

Alte Muster kann man nicht mehr löschen – aber verblassen lassen.

Selbst Angst auslösende Faktoren von früher können integriert werden.

sich in einer Situation, mit der er selbst nicht richtig umgehen kann, zu verhalten hat. Überlassen Sie ihm die Entscheidung, ist er so weit wie zuvor auch. Er muss das Leben in seine eigenen vier Pfoten nehmen, trotz seiner Defizite, die zu Verhaltensweisen führen können, die Ihre schlimmsten Erwartungen übertreffen könnten.

Mancher Hundehalter stößt dann an seine eigenen Grenzen, und häufig ist die gesamte Familie kurz davor, das Handtuch zu werfen. Dies würde für den Hund bedeuten, wieder von Hand zu Hand zu wandern – und noch schlechtere Aussichten auf eine Familie, in der er den Platz finden darf, an dem er aufblühen und im positiven Sinne zeigen kann, was alles in ihm steckt.

Nehmen Sie diese Herausforderung an und ist Ihnen bewusst, dass diese Hunde in besonderem Maße ein zuverlässiges Rudeloberhaupt brauchen, müssen Sie zwar damit rechnen, dass Ihr Vierbeiner Sie aufs Genaueste überprüfen wird, ob Sie es auch ernst mit ihm meinen. Fällt dieser Test jedoch zu Ihren Gunsten aus und er findet in Ihnen das Vorbild, das er sich wünscht, so schenken Sie ihm das Wertvollste überhaupt – ein lebenswertes Hundeleben.

Bedenken Sie bitte immer, dass ein solcher Hund, anders als seine seelisch intakten Artgenossen, nie aufhören wird, Sie genauestens im Auge zu behalten, ob Ihnen aus seiner Sicht ein Fehler unterläuft. Er ist aufgrund seiner speziellen Disposition leider nicht in der Lage, mal »ein Auge zuzudrücken«, wenn Sie ihn nicht artgerecht behandeln. Dies bringt die innere Stabilität, zu der er so mühsam gemeinsam mit Ihnen gefunden hat, in kürzester Zeit wieder ins Wanken und katapultiert ihn zurück in seine alten Ängste und damit in seine bedenklichen Verhaltensmuster. Er braucht einen Menschen, der ihm täglich beweist: Du kannst mir vertrauen, und bei mir bist du in jeder Situation gut aufgehoben.

Die Seele heilen mit Vertrauen

Es ist sicherlich keine leichte Aufgabe, ein Vertrauensband zu einem Hund mit körperlichen und/oder seelischen Verletzungen aufzubauen, doch gelingt es Ihnen, ist das ein großes Glück auf Gegenseitigkeit, und Ihr Hund wird es Ihnen jeden Tag aufs Neue auf seine Weise danken! Erkennen können Sie das dann z. B. daran, dass Ihre Podenco-Hündin, die Sie vor einer spanischen Tötungsstation bewahrt haben, plötzlich keinerlei Interesse mehr daran hat, den verlockenden Hasenbraten zu jagen, sondern ohne Leine entspannt an Ihrer Seite durch Wald und Wiese joggt und Sie im Alltag mit einer Anhänglichkeit überrascht, die Sie anfangs nie für möglich gehalten hätten. Oder Ihr türkischer Kangal-Mix im Restaurant ruhig vor sich hin döst, ohne Sie wie früher gegen jeden sich nähernden Mann zu verteidigen.
Lebensqualität besteht für einen Rescue-Hund nicht nur darin, ein Dach über dem Kopf, ausreichend Zuwendung und täglich einen wohlgefüllten Napf vor sich zu haben, sondern vor allem, einen Menschen zu finden, der ihm durch sein artgerechtes Verhalten die Sicherheit bietet, die er dringend braucht, um seine seelischen Schatten hinter sich zu lassen und auf vier Pfoten in ein angstfreies Leben zu gehen.
Ich möchte dieses Kapitel nicht beenden, ohne anzumerken, dass es leider immer wieder einmal vorkommt, dass die Sozialisationsdefizite bei einem Rescue-Hund nicht vollständig aufgeholt werden können, auch wenn sich die neuen Halter noch so sehr darum bemühen. Er ist aufgrund seiner Vorgeschichte nicht in der Lage, eine ebenso unverbrüchliche Beziehung zu einem Menschen aufzubauen wie ein Hund, den Sie mit acht Wochen zu sich geholt haben. Inwieweit er dazu fähig sein wird, sich in unserer urbanen Gesellschaft einzuleben, hängt nicht zuletzt vom individuellen Charakter des Tieres ab und kann auch bei Geschwistern grundverschieden sein. So lernt evtl. ein geretteter Rüde langfristig besser, mit der Vielzahl an neuen Reizen umzugehen, als ein Bruder oder eine Schwester aus dem gleichen Wurf.

Artgerechtes Beziehungstraining baut im besten Sinne Vertrauen auf.

Das Rudelkonzept im Alltag

Gemeinsam durch »dick und dünn« zu gehen bedeutet, den Alltag mit all seinen Herausforderungen zu meistern. Der Hund folgt seinem Menschen zuverlässig an der unsichtbaren Leine des Vertrauens – in allen Lebenslagen.

Das Leben mit einem Hund

Alle emotional gesunden Menschen, die einen Hund zu sich nach Hause holen, möchten »es« richtig machen. Doch plötzlich stellen sie fest: Der Alltag mit dem Vierbeiner gestaltet sich ganz anders, als man sich das vorgestellt hatte. Die zusammengetragenen Beispiele quer durch das Alltagsleben mit dem Hund sollen Ihnen, liebe Leserinnen und Leser, die Möglichkeit geben, bereits vom ersten Tag des gemeinsamen Lebens an die Weichen richtig zu stellen für eine intakte, artgerechte und damit harmonische Beziehung zu Ihrem Vierbeiner. So werden die Herausforderungen des Alltags nicht zu Problemen, sondern sind Situationen, die Sie gemeinsamen mit Ihrem Hund gelassen meistern. Auch Hundehalter, die bereits einen erwachsenen Vierbeiner ihr Eigen nennen, finden hier wertvolle Denkansätze, um bestehende Probleme aus dem artgerechten Ansatz heraus erkennen und verstehen zu können.

Endlich ist es so weit – das neue Leben mit Hund beginnt!

Knigge fürs Familienleben mit Hund

Hurra, hurra – endlich ist der Welpe (oder der mit viel Herzblut ausgewählte Tierheimhund) da! Am liebsten würden alle Familienmitglieder schon in den ersten fünf Minuten zeigen, wie sehr sich alle freuen und wie gut sie es mit ihm meinen. Den Himmel auf Erden soll er haben – mindestens! Niemals soll er leiden müssen, weil der Magen knurrt, dafür allzeit einen Menschen finden, der ihm zärtlich zu verstehen gibt: Du bist der Beste! Gefördert will er natürlich auch werden, deshalb wurde bereits im Vorfeld das pädagogisch wertvollste Spielzeug eingekauft, das der Markt hergibt – und noch ein bisschen mehr, weil man sich so schwer entscheiden konnte. Das Körbchen wartet bereits, darin ein superflauschiges Kissen, damit das neue Familienmitglied sich rundherum wohlfühlt. Die Kinder streiten sich ausgiebig, wer den Welpen ins Haus tragen darf, und jeder »will mal«. Der wohlgefüllte, blankpolierte Napf und die Wasserschüssel stehen bereit. Gleich kommt auch noch die Nachbarin, die während des Urlaubs den Vierbeiner versorgen soll, denn sie kümmert sich ja schon seit Jahren vorbildlich, wenn Not am Mann oder an der Frau ist, um die Miezekatze. Alle sind voller freudiger Erwartung – nur an das Wichtigste hat man nicht gedacht: Was braucht der Hund wirklich, und welche Regeln gelten für ihn?

So harmlos beginnen viele Alpträume, und zwei Jahre später stehen alle, die einst voller Hingabe und Tierliebe den »Kleinen« in Empfang genommen haben, an der Küchentüre und schauen dem »Großen« beim Fressen zu. Unausgesprochen wissen alle, dass sich keiner von ihnen trauen würde, den Futternapf wegzunehmen, bevor der Vierbeiner nicht damit einverstanden ist. Die Platzverteilung auf der Wohnzimmercouch hat er inzwischen auch in seine Pfoten genommen, und die Kinder ziehen sich mit ihren Freunden nach deren Ankunft in Windeseile in ihre Zimmer zurück, denn die Schokoküsse möchte man selbst essen und nicht mit einer sabbernden Hundeschnauze teilen müssen.

Lesen Sie Zeitung?

Schlagen Sie doch einmal den hinteren Teil der Wochenendausgabe Ihrer Zeitung auf und sehen Sie, wie viele »super anhängliche, gut sozialisierte Hunde umständehalber nur in beste Hände abzugeben« sind. Die Abgabeflut setzt ein, wenn die Vierbeiner in die Pubertät kommen, und dauert bis ca. zum zweiten Lebensjahr der Hunde an. Danach wird's ruhiger. Auf diesem Wege möchte man übrigens auch Rassehunde loswerden, in deren Beschreibung man einst die Prädikate »leicht erziehbar«, »familienfreundlich«, »intelligent und gehorsam« gelesen hatte. Feststellen zu müssen, dass das »traute Heim« sich binnen weniger Monate in eine »Wolfsgrube« verwandelt hat, ist deprimierend und ernüchternd.

Kein Hund ist aufgrund des Blutes, das in seinen Adern fließt, oder des sanften Hundeblicks ein »Anfängerhund«, das gilt auch für den allseits beliebten Golden Retriever. Jeder Hund braucht, egal ob klein oder groß, ein Vorbild, das ihn die Erfahrungen machen und die Grenzen einhalten lässt, durch die er zu einem Familienmitglied im besten Sinne werden kann. Geschieht dies nicht und findet sich via Inserat kein Tierfreund, der bereit ist, das zu tun, landet der »schwarze Peter« beim Tierschutz. Hier trifft so ein vierbeiniger Geselle auf jede Menge Artgenossen, die Gleiches erlebt haben. Nur selten sind Hunde dabei, die auf ein neues Zuhause warten, weil ihr Herrchen oder Frauchen viel zu früh verstorben ist.

Gute Sitten

Eine harmonische Partnerschaft entsteht nur, wenn beide Parteien sich an die Regeln halten. Gute Sitten sind wichtig für das Zusammenleben zwischen Mensch und Hund.

Gute Sitten sind wichtig – dann klappt's auch mit der Umwelt.

Was es vorab zu besprechen gilt

Bevor ein Welpe bei Ihnen einzieht, besprechen Sie gemeinsam ausführlich und in aller Ruhe, was es zu berücksichtigen gilt. Die Erziehung liegt ausschließlich in den Händen der Erwachsenen. Da der Hund in seinem ersten Lebensjahr im Vergleich zu unseren Menschenkindern die Entwicklung im Zeitraffer durchmacht, für die unsere Kinder ca. 18 Jahre benötigen, ist klar, dass er sie zwar als Familienmitglieder in sein Herz schließen wird, aber nicht als echte Autoritätspersonen anerkennen kann. Ist z. B. unser Kind acht Jahre alt, wenn wir den Welpen zu uns holen, so wird das Kind nur ein Jahr älter, während der junge Hund nach zwölf Monaten schon die Pubertät hinter sich gelassen hat. Das sollten alle Familienmitglieder verinnerlichen und als natürlichen Sachverhalt anerkennen.
Es schließt auch ein, dass Kinder niemals alleine den Hund Gassi führen sollten, auch wenn das für manche hart ist, weil man sich dieses Bild so romantisch im Kopf ausgemalt hat (Lassie lässt grüßen!). In der Natur gibt es den Zustand nicht, dass ein Welpe, wie das unsere Kinder binnen kürzester Zeit für den Hund sind, einem älteren und damit auch reiferen Artgenossen als Erziehungsberechtigter gegenübertritt. Abgesehen davon sind Kinder sehr schnell überfordert, wenn sie beim Gassigehen einem herrenlosen Hund begegnen, der den eigenen Vierbeiner bedrängt oder gar verfolgt. Dieses Risiko sollten Sie auch zum Wohle Ihres Kindes auf keinen Fall eingehen.
Des Weiteren sollte eines klar sein: Es gelten, genau wie für unsere Menschenkinder, immer die gleichen Regeln. Einmal »Hü« und dann wieder »Hott« tut langfristig weder dem Hund noch dem eigenen Nachwuchs gut. Klaut der Welpe auf einem seiner Erkundungsgänge durch die Wohnung Vaters hochglanzpolierte, in Italien handgenähte Schuhe, dann darf er die genau so wenig anknabbern wie Omas Pantoffeln (auch wenn das die Chancen erhöhen würde, die Besuche der Schwiegermutter auf »natürliche Art« etwas zu verkürzen, weil sie dadurch schneller kalte Füße hätte).
Auch herumliegende Socken, Handtücher, Zimmerpflanzen, Sofakissen ... haben Ihren Hund nicht zu interessieren.

Klarheit von Anfang an

Was alle angeht, ist, darauf zu achten, dass die Wohnungseinrichtung unbeschädigt bleibt. Ich habe schon von ungezogenen Hunden gehört, welche die Schaltknöpfe des Elektroherdes abgefressen haben, sodass nur durch Zufall verhindert werden konnte, dass das ganze Haus Opfer der Flammen wurde. Menschenauge sei wachsam! Hier können auch die Kinder eingebunden werden, aber auf die richtige Art und Weise: Wird bemerkt, dass sich der Welpe z. B. lustvoll kauend mit dem guten Perserteppich oder dem Fernsehkabel vergnügt, rufen die Kinder sofort Mama oder Papa herbei. Die Eltern unterbinden dieses Treiben umgehend auf artgerechte Weise. Was nicht passieren sollte, ist, dass die Kinder das übernehmen. Die Gründe hierfür sind bekannt.

Auch das »Geschäft« mit der Stubenreinheit obliegt ausschließlich den Eltern. Der Part der Kinder könnte so aussehen, dass sie die Eltern sofort darauf aufmerksam machen, wenn sie bemerken, dass der Welpe fiepend vor der Wohnungstüre steht und nach draußen möchte.

Denken Sie bitte auch daran, dass die Milchzähnchen von Welpen ausgesprochen spitz sind und es beim Kuscheln und Streicheln zu unbeabsichtigten Schrammen kommen kann. Wie Sie bereits wissen, muss die Beißhemmung erst erlernt werden, und das dauert so seine Zeit. Auch darüber sollten Sie mit der Familie sprechen. Für Sie als Eltern bedeutet das, sofort das Streicheln oder Spielen abzubrechen, sobald ein Kind dabei ein »Aua« hat.

Hunde dürfen für Kinder kein »Streichelzoo« oder »Blitzableiter« sein.

Überlassen Sie das nicht dem Kind, denn Sie sind dafür verantwortlich, dass der Welpe lernt, dass es wehtun kann, wenn er seine Zähnchen nicht kontrolliert. Gehen Sie auch hier als Vorbild voran, damit sich keine falschen Verhaltensweisen einschleichen können, und lassen Sie es auch nicht zu, dass der Vierbeiner spaßeshalber an Ihnen herum-

Kinder müssen Hunde stets respektieren. So bitte nicht!

knabbert, wenn er gerade mal Lust dazu hat. Kein Althund ließe sich von einem aufgedrehten kleinen Kerlchen ohne Gegenreaktion immer wieder zwicken. Das hat nichts damit zu tun, dass der Welpe böse oder bissig wäre, sondern damit, dass das Kontrollieren der Zähne und des Zubeißens ein Verhalten ist, das dem Hund erst nach und nach in Fleisch und Blut übergehen muss.
Klar ist auch, dass nur die Eltern den Hund füttern, und Leckereien vom Esstisch gibt es nie. Auch wenn der kleine Dreikäsehoch noch so herzerweichend dreinschaut. Futter liegt nur im Napf, sonst nirgendwo. So beugen Sie auch vor, dass in einem unbeobachteten Moment der Welpe mit Süßigkeiten vollgestopft wird, weil man die Kinder schließlich zum Teilen mit ihren eigenen Artgenossen erzogen hat und sie da vielleicht etwas verwechseln. Ein Hund ist eben kein Kind, und für seinen Magen und die Erziehung ist das nichts. Bei Hunden bedeuten »Tischmanieren« eben genau das Gegenteil von dem, was es für uns Menschen heißt: nicht vom Tisch zu essen! Der Schlafplatz des Hundes ist vor bzw. neben dem Bett der Eltern, und gekuschelt wird mit dem Hund nur am Boden und nicht auf dem Sofa. Das ist für die Menschen reserviert. Ja, und dann wollen jetzt noch die Urlaubspläne für das nächste Jahrzehnt beredet werden, denn der Hund will auf jeden Fall mit! Und das ist auch richtig so. Denn ein richtiges Rudel bleibt zusammen! Ihr Hund würde es als Hochverrat ansehen, wenn Sie ihn während der »schönsten Zeit des Jahres« bei der Nachbarin oder einer Hundepension einquartieren! Wie Sie sehen, gibt es vorab vieles zu besprechen, und nicht nur die Regeln für den Welpen wollen bedacht sein, sondern auch die Abstimmung in der Familie spielt eine große Rolle, damit später alles geordnet ablaufen kann. Danach können alle dem »großen Tag« freudig entgegensehen. Auch der Welpe wird ein neues Zuhause vorfinden, in dem er gedeihen kann.
Was Sie sich getrost sparen können, ist ein teueres Hundekörbchen, ein ganz normaler Vorleger oder Teppich tut es auch. Das Spielzeug kann gerne aus einigen alten Lappen und Bällen bestehen und muss nicht der neuesten Hundemode entsprechen. Viel wichtiger ist für den neuen Hausgenossen, dass alle in seinem Sinne am gleichen Strang ziehen.

Der Hund ist da ...
und die ersten Besucher auch

Wenn der große Tag da ist, Sie mit dem neuen Familienmitglied zu Hause angekommen sind, gönnen Sie dem Kleinen ausgiebige Ruhephasen, in denen er sich erholen kann. Bei aller Zuneigung, die er benötigt, ist er doch ein Lebewesen aus Fleisch und Blut und kein seelenloses Plüschtier. In der Natur ist es auch nicht so, dass jeder, der gerade des Weges kommt, die Welpen durchknuddelt oder pausenlos an ihnen herumgeleckt wird. Die liebenswerte Nachbarin kommt am nächsten Tag zu Besuch, denn auch sie will den Neuankömmlung in Augenschein nehmen und willkommen heißen. Damit auch in den folgenden Jahren alle glücklich sind, wenn Gäste vor der Türe stehen, sollten Sie ab sofort darauf achten, dass der Hund nicht dazu animiert wird, an Menschen hochzuspringen. Tut er dies dennoch in seiner ungebändigten Freude, unterbinden Sie das gleich beim ersten Mal. Bitten Sie anfangs auch Ihren Besuch, der sich auf den Hund freut, sich zu bücken oder in die Hocke zu gehen, um ihn zur Begrüßung zu streicheln. Da Sie durch das

Konsequenz vom ersten Tag an

Artgerechte Erziehung beginnt am ersten Tag des gemeinsamen Lebens. Gerade schlechtes Benehmen, das in der Anfangszeit nicht geahndet wird, ist später schwer wieder abzugewöhnen.

Auch das Hochspringen kann man einem Hund mit wohlwollender Konsequenz abgewöhnen.

artgerechte Beziehungstraining schon sehr bald einen Hund haben werden, der akzeptiert, dass es gut und richtig ist, sich nach dem zu richten, was Sie von ihm möchten, ist es kein Problem, auch wenn Gäste kommen, die keine Hundeliebhaber sind und den direkten Kontakt mit dem Vierbeiner nicht besonders schätzen. Er darf dann entweder zur Begrüßung nur kurz an den Händen des Besuches schnuppern oder bleibt einstweilen »Sitz« oder »Platz«. Je nachdem, was Sie für diese Situation als geeignet empfinden. Steht der Postbote vor der Türe und benötigt nur kurz Ihre Unterschrift, so kann der Hund neben Ihnen sitzen, bis das getan ist. Kommt Tante Frieda zum Kaffee, die mindestens

Hund und Katze, keine Maus: alles klar im Haus!

Bleiben Sie gelassen. Wenn Hund und Katz' unter einem Dach leben, haben Sie deswegen noch lange kein Problem, sondern nur eine Situation. Wovor man Sie gut gemeint warnen möchte, ist wohl, dass der Jagdtrieb mit dem Hund »durchgehen« könnte und er nicht lockerlässt, bis er Miezi erwischt hat. Was im Ernstfall bedeuten würde, dass er die Katze hinaus in den Garten, auf den Bürgersteig, zum Baum in Nachbars Garten ... verfolgt, so er körperlich dazu in der Lage ist und Sie nicht schnell genug die Terrassentüre geschlossen haben. Schaffen Sie sich doch einfach einen Hund an, der so groß ist, dass er nicht durch die Katzenklappe passt, und lassen Sie alle Fenster und Türen konsequent zu! Entschuldigung, das war gerade ein schlechter Scherz! Trotzdem habe ich auch so einen Ratschlag tatsächlich schon gehört. Auch wenn ich Sie vielleicht beginne zu langweilen: Auch hier ist es wieder so: Stimmt die Beziehung, wird der Hund akzeptieren, dass er solche »Privatjagden« gar nicht erst ins Auge zu fassen braucht. Ist Ihr Hund in der Lage, eine Konzentrationsübung vorbildlich mit Ihnen zu absolvieren, ist er auch imstande, die Katze in Frieden zu lassen. Ihnen zuliebe. Auch – oder besser: obwohl die Verlockung manchmal schon groß wäre. Die Treue zu Ihnen ist ihm wichtiger. Er wird es bleiben lassen, und zwar zuverlässig. Genauso wird er die Pfoten und die Zähne vom Katzenfutter fernhalten.

Zur artgerechten Beziehungsarbeit gehört schließlich auch das Tabuisieren von allem, was Ihnen angemessen erscheint. So, wie Sie dem Hund vermitteln, er soll gefälligst die Schuhe, die Bettvorleger etc. nicht fressen, machen Sie das auch mit dem Katzenfutter. Er darf sein eigenes Futter erst anrühren, wenn Sie das Okay dazu geben, und beim Futter Ihres Haustigers gilt das auch. Geben Sie Ihr »go« nicht, gehört das auch nicht zwischen seine Zähne. Sperren Sie das Futter nicht der Einfachheit halber weg, sondern freuen Sie sich daran, dass Ihr Hund durch sein Verhalten jeden Tag wieder signalisiert: »Ich achte deinen Wunsch.« Und wenn Frau Stubentiger ohne Hetzjagden durch den anderen Vierbeiner unbehelligt weiterleben darf, kann es sogar vorkommen, dass sie ihn sich zum Schmusen aussucht. Fürwahr ein besonders schöner Anblick. Wer hätte das gedacht?

Beim Tierarzt

Im Leben eines jeden Hundes gibt es sie – die mehr oder weniger sehnsüchtig erwarteten Tierarztbesuche. Sehnsüchtig erwartet dann, wenn das Tier ernsthaft erkrankt ist und ihm schnellstmöglich geholfen werden soll. Weniger herbeigesehnt, wenn es um Kontrolluntersuchungen oder Impftermine geht und der Hund nicht gerne die Praxis betritt, sondern am liebsten sofort wieder umkehren möchte, sobald er erkennt, was Sie mit ihm vorhaben. Ein Hund, der seinem Menschen rundherum vertraut, wird, selbst wenn er in der Vergangenheit unangenehme Eingriffe oder Behandlungen absolvieren musste, in so einem Fall höchstens einen Seitenblick auf sein Herrchen oder Frauchen werfen nach dem Motto: »Muss das denn schon wieder sein?«, und ansonsten bereitwillig alles über sich ergehen lassen, was zu tun ist. Waren seine Besuche beim Onkel Doktor bis dahin lediglich Pflichtbesuche und nicht mit unangenehmen Erfahrungen verbunden, dann macht es für ihn keinen Unterschied, ob er Sie aufs Postamt begleitet, zum Friseur oder eben zum Tierarzt. Hier kommt es noch nicht einmal zu einem Seitenblick seinerseits.

Entscheidend für den Vierbeiner ist, was der Mensch daraus macht.

Es beginnt bereits beim Betreten der Praxisräume. Hier gibt es plötzlich viele irritierende und fremdartige Gerüche und so allerlei Getier, manche davon Artgenossen. Dazu kommen eine andere Geräuschkulisse, fremde Menschen, und auch der Boden kann ein ganz anderer sein, als man das bisher kennengelernt hat. An der Seite eines ehrenwerten Vorbilds beeindruckt das den Hund nicht sonderlich! Geduldig wird er warten, bis Sie sich – und ihn – angemeldet haben. Die Leine dient in diesem Fall nur dem rein optischen Zweck, damit keiner erschrickt, falls Sie z. B. mit einem 40-kg-Vierbeiner zur Türe hereinkommen. Diese können Sie, solange Sie vor der Anmeldung stehen und warten, getrost zu Boden fallen lassen, falls es Ihnen lieber ist, die Hände frei zu haben. Im Wartebereich bleibt er entweder gemütlich dahindösend oder neugierig die Welt betrachtend zu Ihren

Hunden, die sich nicht anfassen lassen, mangelt es an Vertrauen.

Füßen liegen, die Leine neben ihm auf dem Boden. So können Sie in aller Ruhe ein gemütliches Schwätzchen mit einem anderen wartenden Menschen halten, die Yellow-Press studieren oder in Prospekten mit möglichen Novitäten (z. B. zum Aufsammeln von »Stinkis«, Hundekaugummis gegen schlechten Atem usw.) stöbern. Gelassen wird er Ihnen zuliebe auf die Waage steigen, obwohl das doch so ein klein wenig unter seinen Pfoten wackelt.

Im Behandlungszimmer verändert sich an seinem Gemütszustand nichts, es könnte höchstens der Fall sein, dass er Frau Doktor besonders charmant findet und ihr freudig die Hand ableckt. Wer möchte es ihm verdenken? Er ist ihr freundlich gesinnt, weil er noch vom letzten Besuch weiß, dass sie es ist, die ihm dabei helfen soll, wieder gesund zu werden oder weiterhin gesund zu bleiben. Auch wenn das bedeutet, dass sie ihn dazu kurz mal mit einer Spritze pieksen muss oder, weniger lustig, ihm tief ins Maul schaut oder gar Blut abnimmt. Sogar das Einführen eines Katheters zur Entnahme von sterilem Harn direkt aus der Hundeblase oder eine längere Ultraschalluntersuchung nebst vorangehender Rasur kann ohne weitere Vorsichtsmaßnahmen, Beruhigungsmittel oder ein Großaufgebot an Helfern durchgeführt werden. Herrchen oder Frauchen haben nichts weiter zu tun, als ihren Schützling sanft festzuhalten, damit er nicht im falschen Moment zucken kann, das ist alles. Überflüssig zu erwähnen, dass hier weder Maulkorb, Halsband noch Leine gebraucht werden, um den Hund zu kontrollieren. Dadurch, dass der treue Gefährte darauf vertraut, dass sein Mensch schon alles in seinem Sinne richtig macht, kann die Behandlungszeit auf ein Mindestmaß verkürzt werden, und er wird auch nach dem Verlassen des Behandlungszimmers nicht sofort das Weite suchen, sondern entspannt neben Ihnen warten, bis die Rechnung bezahlt ist, und anschließend genau so gelassen die Praxis verlassen, wie sie kurz davor betreten wurde.

Von Belohnungen, Manipulationen und anderen Hilflosigkeiten

Was Sie gerade gelesen haben, entstammt nicht dem Reich der Märchen, sondern ist eine völlig normale Geschichte, die Ihnen jeder Hundehalter bestätigen wird, der zu seinem Vierbeiner eine artgerechte Beziehung aufgebaut hat. Die Augen derjenigen, die so etwas selbst noch nicht erlebt haben, sind groß, wenn sie einmal Zeuge werden, wie unkompliziert selbst größere Herausforderungen in diesem Zusammenhang absolviert werden, wenn Mensch und Hund eine spürbare Einheit bilden. Dieses blinde Vertrauen eines Hundes ist der Dank an seinen Menschen dafür, dass er ihm ein allezeit verlässliches, seiner Art gerecht werdendes Oberhaupt ist. Und sein Vertrauen wird dadurch »belohnt«, dass die Behandlung beim Tierarzt so kurz und unspektakulär wie irgend möglich ablaufen kann. Das schont die Nerven aller Beteiligten und schürt keine vollkommen unnötigen Ängste, die den Hund zukünftig belasten würden.

Leider sieht der Regelfall in Tierarztpraxen etwas anders aus. Bereits das Betreten der Räume stellt schon die erste große Hürde dar. Ziehen und Zerren an beiden Seiten der Leine zieht sich buchstäblich durch wie ein roter Faden. Häufig müssen die Vierbeiner ihrer Unsicherheit lautstark Ausdruck verleihen, was vonseiten des Halters meist mit vielen Beruhigungsworten quittiert wird, aber nichts nützt. Schnell wird zum Leckerli gegriffen, um den Hund abzulenken, und kleinere Hunde dürfen (müssen) auf den Schoß.
Manchmal wird auch schon im Vorfeld Baldrian verabreicht, damit das Nervenkorsett nicht allzu angespannt ist, was wiederum die Katzen im Warteraum auf dumme Gedanken bringt. Sich entspannt einer Lektüre zu widmen gelingt dem Hundehalter meist nicht, denn man ist gespannt, wie es weitergeht, und es darf ja auch nicht der entscheidende Moment verpasst werden, in dem evtl. ein anderer Hund um die Ecke kommt. Da muss man den eigenen schließlich gut festhalten. Wer weiß, was sonst passiert!
Oftmals müssen Hunde auch im Auto so lange warten, bis sie direkt ins Behandlungszimmer können, weil es unmöglich ist, sie inmitten anderer Wartender gebändigt zu bekommen. Vierbeiner, die den Gang auf die Waage verweigern, werden – sofern das die Körpermasse zulässt – auf den Arm genommen, und Herrchen oder Frauchen steigen selbst mit drauf. Das eigene Gewicht wird dann einfach wieder abgezogen. Ja, in der Not ist der Mensch halt einfallsreich. Dabei ist das erst das Vorspiel, der Hauptteil steht noch bevor.

Auch das Festhalten gehört zu den gängigen Manipulationen des Hundes.

Mit Belohnung Vertrauen erkaufen?

Dies zu beschreiben, möchte ich Ihnen an dieser Stelle ersparen und mich dem zuwenden, was hier häufig aus Hilflosigkeit falsch gemacht wird. Lenken Sie einen Hund, der sich nicht ruhig verhalten kann, mit Futter ab, so sind Sie gut beschäftigt, falls Sie etwas länger als geplant warten müssen, und dürfen vor allen Dingen eines nicht: das Futter vergessen. Abgesehen davon kann das dazu führen, dass Sie auch unfreiwillig die volle Aufmerksamkeit anderer, auf Leckerlis konditionierter Hunde bekommen. Stopfen Sie Ihren Vierbeiner immer wieder damit voll, tun Sie damit nichts anders, als sein unsicheres Verhalten zu unterstützen. Sie glauben, ihn damit zu beruhigen, er aber sieht es als Bestätigung für sein unruhiges Verhalten an und denkt bei

sich: »Rege ich mich auf, bekomme ich Futter. Was muss das hier für ein seltsamer Ort sein, wenn sich Herrchen oder Frauchen so viel Mühe gibt, da werde ich mich das nächste Mal schon vor der Tür aufregen, vielleicht gibt's dann früher Leckerli?!«
Spurtet der Hund im Wartezimmer immer wieder unaufgefordert los, um z. B. den Kontakt zu anderen wartenden Artgenossen zu suchen, und ziehen Sie ihn immer und immer wieder an der Leine zurück, so motivieren Sie ihn durch den Körperkontakt über den verlängerten Arm (die Leine) nur zusätzlich, sein Tun fortzusetzen. Wenn Sie es tatsächlich schaffen, dass er dadurch aufhört, haben Sie ihm einen derart starken Ruck versetzt, dass der einsetzende Schmerz ihn dazu bewogen hat, das Ganze zu unterlassen. Würden Sie einem Menschen vertrauen wollen, der Gleiches mit Ihnen macht?
Weder zwischen Menschen noch unter Hunden ist dies artgerechtes Verhalten und damit indiskutabel, wenn Ihr Hund Ihnen seine tiefe Zuneigung schenken soll. Ein Hund ist in dem Moment aus seiner Sicht alleine auf sich gestellt, in dem er keine Respektsperson in seinem Sinne hat. Wieso soll er sich da in einer Situation, die ihm Angst macht, nicht nach Leibeskräften wehren oder das Weite suchen? Dass man ihm darum bereits vor der eigentlichen Behandlung beim Tierarzt etwas spritzt, um ihn in aller Ruhe untersuchen zu können, wundert nicht. Niemand will schließlich verletzt werden.
Dabei benimmt sich so ein Hund nicht wirklich böse, er hat aus seiner Sicht einfach keine andere Wahl. Die hat er erst, wenn ihm sein Mensch das gibt, was er wirklich braucht: einen gelassenen, souveränen und konsequenten Rahmen, in dem er sich bestens aufgehoben fühlt.

Gesundes Vertrauen

Auch die seelische Gesundheit des Hundes ist wichtig. Kann der Hund tiefes Vertrauen zu seinem Menschen haben, erleichtert ihm das, schwere Zeiten ohne langfristige psychische Beeinträchtigungen durchzustehen.

Selbst unangenehme Situationen werden souverän gemeistert, wenn alles stimmt.

Kindergeburtstag

Bereits mehrere Tage bevor das große Ereignis stattfinden soll, liegt etwas in der Luft. Die Vorfreude des Kindes auf seinen sehnlichst erwarteten Geburtstag ist nicht zu übersehen. Mama und Papa planen und organisieren, weil alles wie am Schnürchen laufen soll. Auch das vierbeinige Familienmitglied spürt: Irgendetwas ist anders als sonst. Rückt die Geburtstagsparty näher, werden Stühle, Tische und Bänke hin und her getragen, Girlanden befestigt und Getränkekisten geschleppt. Dem Hund macht das nichts aus, denn wenn er im Weg steht und allzu neugierig das Geschehen verfolgt, sagen ihm Herrchen oder Frauchen einfach, wo er sich hinlegen soll, damit niemand über ihn stolpern kann.
Ist der große Augenblick gekommen und die Geburtstagsgäste stehen vor der Türe, läuft alles so ab, wie an jedem anderen Tag auch: Frauchen öffnet (heute allerdings zusammen mit dem Geburtstagskind) die Haustüre, und solange sie den Vierbeiner nicht auffordert

Ein harmonisches Miteinander von Kind und Hund – wer wünscht sich das nicht? Es liegt in der Verantwortung der Hundehalter, dies zu gewährleisten.

herbeizukommen, um die Gäste zu begrüßen, wartet er geduldig. Manchmal kommen eben auch Kinder und Erwachsene zu Besuch, die Angst vor Hunden haben oder glauben, dass man sich alle möglichen Krankheiten beim Streicheln einfängt. Deshalb hat er gelernt, dass er an niemandem hochspringen darf und mit der Begrüßung warten muss, bis er an der Reihe ist. Fordert ihn dann endlich Frauchen mit dem heißersehnten »Komm her« auf, ist die Freude groß, und die Kinder streicheln ihn, was das Zeug hält! Auch wenn sich viele Kinderhände durch sein Fell kraulen und munter dabei plappern, stresst ihn das nicht im Geringsten. Ganz im Gegenteil: Er genießt diese Momente, denn so wie er seine »Chefin« kennt, wird sie das gleich wieder beenden, damit er nicht halbtot gestreichelt wird. Schließlich ist er ja kein Kuscheltier aus Fleisch und Blut, sondern ein ehrenwerter Hund.

»Wo gehen wir als Nächstes hin? – Ich bin auf jeden Fall dabei!«

Dazugehören statt allein sein

Während die Kinder gutgelaunt die Geburtstagstorte futtern, darf er unter dem Tisch liegen. Manchmal kann es vorkommen, dass ihn jemand versehentlich mit dem Fuß anstupst. Wird ihm das unangenehm, rückt er einfach ein Stückchen zur Seite, denn die Menschenkinder haben das sicherlich nicht böse gemeint. Zwischendurch guckt ein kleiner Kerl zu ihm unter den Tisch und möchte ihn mit Kuchen füttern, doch Frauchens Augen sind wie immer überall, und der kleine Gast wird freundlich aufgefordert, das bleiben zu lassen. Dabei wäre das gar nicht nötig gewesen, denn Fressen, das nicht im Napf liegt, interessiert ihn sowieso nicht.
Später darf er mit in den Garten, wo alle lustige Spiele machen, und wird der Trubel gar zu wild, bekommt er gezeigt, wo er sich hinlegen soll, damit er nicht im Weg ist. Manchmal platzt ein Luftballon, oder irgendetwas fällt um, aber das ist dem Hund vollkommen egal. Dann kommt Herrchen, krault ihn zur Begrüßung, stellt sich hinter den Grill, und bald schon machen sich die Kinder vergnügt über ihre Bratwürste her. Ein Mädchen setzt sich zu ihm, um ihn während des Essens zu kraulen, weil sie ihn besonders gerne mag. So eine Extra-Streicheleinheit ist ganz nach seinem Geschmack! ... und das leckere Würstchen ist für ihn lediglich ein Augenschmaus.
Eine Stunde später sind alle fremden Kinder wieder weg, und er liegt in der Küche und sieht beim Abspülen zu. Das Geburtstagskind kommt dazu, kuschelt sich an ihn und erzählt, welche tollen Geschenke es bekommen hat.

»Mittendrin im Leben« bedeutet für unseren Hund, immer dabei zu sein! Er will dazugehören und seinen Platz kennen.

Herrchen schaut herein und sagt: »Komm Dicker, wir gehen Gassi!« Hurra, jetzt ist er an der Reihe!

Vertrauen schafft Sicherheit

Ein gut sozialisierter und artgerecht erzogener Hund kennt seinen Platz in jeder Lebenslage, und das Vertrauen, das er in seine Menschen hat, macht ihn zu einem angenehmen Zeitgenossen. Selbst im größten Trubel bleibt er gelassen und dennoch neugierig und aufmerksam, so wie man sich das wünscht. Liegen Essensreste am Boden, wird er nicht zum »Staubsauger«, der ständig in »Hab-Acht-Stellung« ist und dauernd auf der Lauer liegt, wo er etwas abstauben kann. Er bedrängt niemanden und verhält sich unauffällig und ruhig. Hier muss keiner Sorge haben, dass der Hund an den Kindern hochspringt und ihnen das Essen streitig macht oder ein Riesenradau durch wildes Gebell entsteht, weil es schon zum zehnten Mal an der Türe klingelt. Laute, unvorhergesehene Geräusche erschrecken ihn keineswegs. Die Verantwortung, dass das gelingen kann, liegt wie immer beim Menschen.

Das harmonische Zusammenspiel ist das Ergebnis einer echten, gewachsenen Verbindung. So wie wir unseren eigenen Kindern den richtigen »Benimm« so früh wie möglich in konsequenten, kleinen Schritten beibringen, damit sie in jeder Situation klarkommen,

»Das dumme Kind macht zwar Quatsch – aber ich steh da drüber!«

machen das verantwortungsbewusste Hundehalter auch mit ihren Vierbeinern. Für ein hochsoziales Tier wie den Hund ist das die richtige Basis, dass er das erleben darf, was er dringend braucht und will: dazugehören! Wir Menschen sollten das nicht verwechseln mit »im Mittelpunkt stehen«. Sich zurückzunehmen und anzuerkennen, dass man auch mal »Pause« hat, ist etwas, was ein Hund auch in einem natürlichen Rudelverbund von klein auf lernt.

Besonders schön und erfüllend ist es, wenn Kinder mit Hunden zusammen aufwachsen dürfen. Besonders problematisch kann dies jedoch werden, wenn der erwachsene Mensch es nicht richtig steuert. Läuft es so harmonisch wie in unserem Beispiel, ist alles in Ordnung und für alle Beteiligten vollkommen normal und unspektakulär. Das ist nichts Besonderes, sondern gelebter Alltag unter manchmal besonderen Umständen.

Dabei sein ist toll!

Bei einem Vierbeiner, der den Blick nicht von den Eistüten oder Kuchenstücken in den Kinderhänden wenden kann, ist die Wahrscheinlichkeit groß, dass er auf Leckerlis und Futterbelohnungen konditioniert wurde und gar nicht anders kann, als auf Futtersignale »anzuspringen«. Das kann auch so aussehen, dass er ständig vor jemandem, der Essen in den Händen hält, herumsteht oder wie eine Marionette »herumsitzt« und dabei hartnäckig auf das vermeintliche Leckerli starrt. Noch ausdauernder wird er, wenn er damit tatsächlich Erfolg hat. Solche Hunde schrecken auch nicht davor zurück, sich mal eben auf die Bank zu stellen, um zu sehen, ob das

Immer dabei sein

Ein gesunder Hund braucht die Nähe seines Menschen. Ein Leben ohne »Alltags-Ausschluss-Klausel« – immer dabei sein zu dürfen, ist für den Hund alles!

nicht die Chancen erhöht. Spätestens ab diesem Moment haben alle Stress, besonders dann, wenn der Hund kein Schoßhündchen ist. Aber auch kleine Hunde, die den Kindern andauernd auf die Pelle rücken, werden als unangenehm empfunden und können durchaus der Grund sein, dass ein Gast vorzeitig heim mag.

Wird der Hund weggesperrt, damit er nicht lästig werden kann und weil man um sein Verhalten weiß (man hat es ihm ja selbst so anerzogen), ist damit zu rechnen, dass sein lautstarker Protest die Gehörnerven aller tüchtig strapaziert – stundenlang. Eine weitere, ernst zu nehmende Frage ist auch: Wohin mit dem Hund, damit er nicht versehentlich entwischt oder die Vorräte, Mülleimer etc. plündert? Auch darf es natürlich nicht passieren, dass ein Gast auf der Suche nach der Toilette versehentlich den Hund befreit. Armer Hund! Statt ihn teilhaben zu lassen, wenn alle feiern, wird er ferngehalten, weil man sich nicht anders zu helfen weiß. Und er selbst kann am allerwenigsten dafür.

Dabei könnte er tatsächlich richtig nützlich sein, wenn er tatkräftig mithelfen dürfte! Das könnte so aussehen, dass der Vierbeiner dabei mitwirken darf, leichte Gegenstände (z. B. eine Packung Servietten, verpackte Girlanden, Luftschlangen ...) in seiner Schnauze von drinnen nach draußen zu tragen, wenn es sich nicht gerade um einen ausgesprochen kleinwüchsigen Hund handelt. Aber auch für einen »Zamperl« sollte sich etwas finden, das er stolz transportieren darf. Vielleicht denken jetzt manche darüber nach, ob das artgerecht sein kann, den Vierbeiner als

»Dank meiner guten Erziehung verdirbt mir das nicht die Laune.«

»Transporthilfe zu missbrauchen«. Aber überlegen Sie doch mal: Wie kommen denn in der Natur die Einzelteile der erlegten Beute zurück ins Lager? ... Oder wie transportiert eine Mutterhündin die hilflosen Welpen, wenn dies nötig sein sollte? Ein echtes vierbeiniges Familienmitglied hat Freude daran mitzuhelfen, soweit das machbar ist, denn es möchte zeigen, was es kann, seinen Beitrag leisten und dadurch geachtet werden. Und nicht nur am Kindergeburtstag.

Der Hund im Auto

Autos sind aus unserem Alltag nicht mehr wegzudenken. Spätestens bei der Abholung kommt der Welpe damit in Kontakt. Ein guter Züchter gewöhnt den Wurf bereits frühzeitig an dieses Fortbewegungsmittel, indem er die Kleinen immer wieder für kurze Zeit hineinsetzt und diese Etappen ausdehnt. Danach werden die ersten kurzen Fahrten unternommen, und so ist der Umzug ins neue Heim gut vorbereitet.

Auf die meisten Hundekinder wirken das monotone Motorengeräusch und das sanfte Herumschaukeln bald schon einschläfernd. Haben Sie einen langen Weg, evtl. über mehrere hundert Kilometer, zu bewältigen, so denken Sie bitte daran, ausreichend Pausen einzulegen, damit der Start ins gemeinsame Leben möglichst stressfrei stattfinden kann. Ein kleiner Tipp: Sicherlich besuchen Sie Ihren Welpen bereits vor der Abholung, sooft es irgendwie geht. Sprechen Sie mit dem Züchter, ob Sie ihn immer wieder für kurze Zeit in das eigene Auto setzen dürfen. So kann er es ausreichend beschnuppern und sich schon einmal umsehen. Gleiches gilt, wenn Sie einen Hund aus dem Tierheim abholen möchten.

Auch im Auto weiß man sich als wohlerzogener Hund richtig zu benehmen.

Gute Manieren von Anfang an

Das Regelwerk, das Sie für das künftige Zusammenleben mit Ihrem Vierbeiner definieren, schließt auch das Auto ein. Hier lassen Sie die gleiche Weitsicht und Konsequenz walten wie zu Hause und überhaupt auf allen Wegen, die Sie zusammen mit ihm beschreiten. Lassen Sie es nicht so weit kommen, dass der Hund auf die Idee kommt, er könnte selbst die Entscheidungen im Auto treffen, weil Sie entweder mit Fahren beschäftigt oder gerade ausgestiegen sind.

Ihr erklärtes Ziel sollte es sein, einen angenehmen vierbeinigen Fahrgast zu befördern, der auf Ihr Wort hin ein- und aussteigt und sich ruhig verhält, während er die Aussicht genießt oder ein erholsames Nickerchen hält. Alles andere ist inakzeptabel – schon weil es gefährlich ist. Das Einzige, was dafür notwendig ist, dass Sie diesen entspannten Normalzustand mit Ihrem Hund haben können, ist lediglich eine intakte Beziehung zu ihm. Sonst nichts. Während Sie die Beziehung mit ihm aufbauen, erarbeiten Sie gleichzeitig auch die guten Manieren im und um das Auto herum. Lassen Sie den Hund neben dem Fahrzeug »sitzen«, öffnen Sie die Klappe, und auf Ihr Kommando hin (z. B. »Auto«, »einsteigen«, »Hopp«) darf er ins Auto springen. Wenn er dazu noch zu klein ist, heben Sie ihn mit diesem Kommando hinein. Die meisten Welpen sind schon ziemlich clever und sparen sich gerne die Mühe, selbst ins Auto zu springen, auch wenn sie es schon könnten; beobachten Sie Ihren Sprössling deshalb genau. Ist er etwas gewachsen und in der Lage, bereits mit den Vorderpfoten in Richtung Einstieg zu springen, schieben Sie lediglich den Hundepopo nach. Kurz darauf klappt das Hineinspringen dann von ganz alleine. Beim Aussteigen verfahren Sie im Prinzip genauso, nur mit einem anderen Kommando. Auch sollte Ihr Hund im Auto »Sitz« machen, während Sie Klappe oder Türe öffnen, und nach dem Herausspringen gleich noch einmal direkt neben dem Fahrzeug. So beugen Sie vor, dass er schwungvoll in die Fahrbahn springt. Denn dadurch ist er für Sie kontrollierbar, auch wenn Sie ihn nicht angeleint haben.

Verkehrsregeln einmal anders

So, wie Sie im Rahmen der »Konzentrationsübung Sitz« die Dauer langsam steigern, können Sie auch die Wartezeit, bis Ihr Hund aus

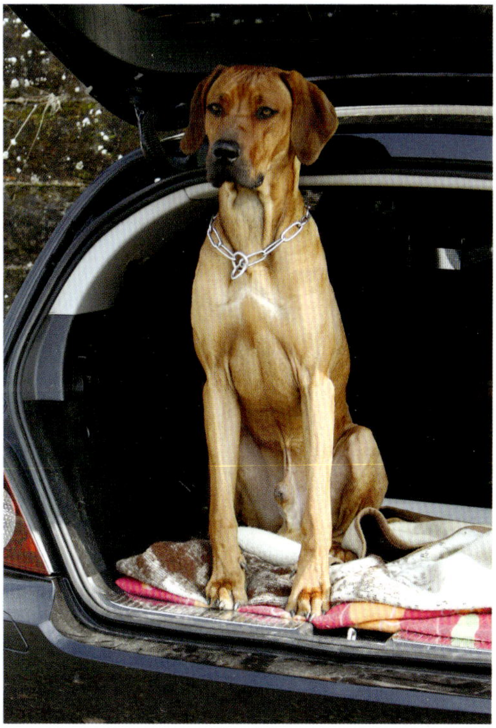

Der Hundeautoführerschein wurde mit Bestnote bestanden!

dem Auto springen darf, nach und nach ausdehnen. Lassen Sie ihn dazu bei geöffneter Klappe oder Türe sitzen und gehen Sie, wie bei der Konzentrationsübung, mit dem ihm zugewandten Gesicht einige Schritte zurück und warten. Kennt Ihr Hund bereits das Kommando »Platz«, kann er dabei auch liegen, das liegt ganz in Ihrem Ermessen. So können Sie schon bald ohne Hektik Ihre Einkäufe aus dem Fahrzeug räumen bzw. an heißen Tagen auf dem Supermarktparkplatz ins Auto verfrachten, während Ihr Hund es genießt, bei ausreichend Frischluft die Welt ringsherum zu beobachten. Besonders angenehm empfin-

Wenn der Hund brav ist, dann klappt's auch, wenn's mal bei den Kindern nicht so läuft.

den es auch junge Mütter, wenn sie den Kopf und beide Hände frei haben für den Säugling, der vom Kinderwagen herausgehoben und in die Babyschale gelegt werden muss. Wenn beim Verladen des Buggys gleichzeitig das Auto gelüftet werden kann, kommt das im Hochsommer auch dem neuen Erdenbürger zugute, und die Mama ist nicht gestresst. Aber auch bei Regenwetter geht dies alles zügig vonstatten, denn man ist ein eingespieltes Team.

Kein Stress auf den hinteren Rängen

Ihr Hund versperrt Ihnen manchmal vielleicht die Sicht, z. B. beim Ausparken, weil er etwas größer ist und interessiert durch die Heckscheibe beobachtet, was draußen vor sich geht. Diese Situation ist unproblematisch, sobald er Sitz und Platz kennt. Ein Wort von Ihnen, und er wird sich hinlegen oder hinsetzen, damit Sie freie Sicht haben, denn er respektiert Ihren Wunsch.
Nehmen wir einmal an, Sie hätten Ihren Hund an Leckerlis und Handzeichen gewöhnt, so hätten Sie hier ein großes Problem: Ihr Arm ist vermutlich zu kurz, um vom Fahrersitz bis zum Heck ein Futterstückchen durchzureichen, und auf Handzeichen wird er wohl kaum reagieren, denn sein Blick ist nach draußen gerichtet. Abgesehen davon müssten Sie das Futter immer parat haben, aber Sie haben sicherlich Wichtigeres zu tun, als ständig daran zu denken – und wenn das Treiben rund ums Auto interessanter ist oder Ihr Hund einfach keinen Appetit hat, was dann ...?
Gleiches gilt, wenn Ihr Hund Spaß daran hätte, während der Autofahrt herumzubellen. Er kennt ein Abbruchsignal, das Sie auch bei der Konzentrationsübung verwenden, wenn er das Spielzeug loslassen soll. Mit einem Wort ist die Ruhe hergestellt, das Kind kann weiterschlafen, und man verpasst auch nicht die aktuellen Staumeldungen. Auch hier gäbe es wieder die gleichen Probleme mit Leckerlis etc. Dazu kommt, dass das Herumfuhrwerken mit Futter, Leberwurst usw. während der Fahrt viel zu gefährlich ist. Die Sicherheit hat

oberste Priorität. Nicht auszudenken, welche Folgen das haben kann, wenn Sie einen Unfall verursachen würden, weil Sie Ihren Hund bändigen mussten.
Außerdem entsteht dadurch zusätzlicher Stress, der Sie vielleicht dazu verleiten könnte, den Hund entweder in eine Box zu sperren (obwohl Sie auch die Möglichkeit hätten, ihn lt. der geltenden gesetzlichen Bestimmungen durch ein Gitter oder einen entsprechenden Hundegurt zu sichern) oder ihn gar nicht erst mitzunehmen. Was die Box betrifft, so würden Sie es sicherlich selbst nicht wollen, eingesperrt in ein »mobiles Verlies« von A nach B transportiert zu werden wie ein Gepäckstück. Dazu kommt, dass Sie damit die gesunde visuelle Entwicklung Ihres Hundes hemmen. Der Sehsinn möchte ausreichend Gelegenheit bekommen, um zu reifen. Sitzt der Hund ohnehin schon die meiste Zeit des Tages in den eigenen vier Wänden, sollte er wenigstens jede Möglichkeit, die sich ergibt, nutzen können, um etwas von der Welt zu sehen. Sperrt man optische Reize aus, kann er auf dieser Ebene auch keine Erfahrungswerte sammeln. Statt eines Gefährten, der in jeder Situation gelassen an Ihrer Seite bleibt, machen Sie ihn zu einem inkompetenten Wesen, das Sie nicht als souveränen Chef in jedem beliebigen Kontext wahrnehmen kann.

Tabuzonen auch im Auto

Wie Sie bereits wissen, bestimmt das Rudeloberhaupt, wann gefressen wird. Da Ihr Hund Futter lediglich aus dem Napf bekommt und Sie ihm – so wie ein echter Hundepapa auch – begreiflich gemacht haben, was ein Tabu ist, ist auch klar, dass Lebensmittel, die sich im Auto befinden, für ihn »tabu« sind. So können Sie getrost, wenn Sie mehrere Erledigungen

Im Auto

Wohlgesittetes Benehmen im Auto ist besonders wichtig, damit alle damit verbundenen Unternehmungen Freude machen und nicht in Stresssituationen enden.

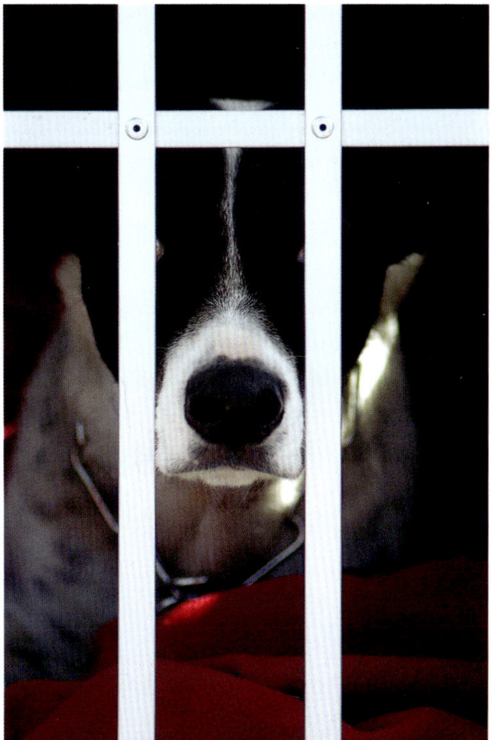

Die Verkehrssicherheit darf beim Hundetransport im Auto nicht gefährdet sein.

zu tätigen haben, die Brötchen, die Wurst oder den Käse usw. im Fahrzeug belassen, und der Vierbeiner wird dies ignorieren, und zwar zuverlässig. Auch als Tabuzone für Krallen und Zähne des Hundes gilt die Ausstattung des Fahrzeuginnenraumes. So, wie Sie vom ersten Tag an im neuen Heim dem Welpen oder dem »Hund aus zweiter Hand« artgerecht vermitteln, dass er weder Ihre Möbel noch Kabel, Türstöcke, Schuhe usw. kaputt machen darf, tun Sie das auch im Auto, falls er auf dumme Gedanken kommen sollte. Gerade bei Rescue-Hunden, die in ihrem Heimatland evtl. zuvor nie ein Auto von innen gesehen haben, müssen Sie damit rechnen, dass das Eingesperrtsein im Fahrzeug zu wenig freudigen Überraschungen führen kann. Dennoch muss auch dies gelernt werden. Gewöhnen Sie so einen Hund, genau wie einen Welpen, in immer länger werdenden Etappen an das Alleinsein im Auto. Denken Sie aber bitte daran, dass der Erfolg hierbei davon abhängig ist, wie gut sich die gegenseitige Beziehung entwickelt. Ein Hund, der aus Panik oder Frust im Auto wütet und z. B. den Schalthebel oder die Kopfstützen anfrisst, wird das nicht deshalb unterlassen, weil Sie die Aufenthaltszeiten langsam ausdehnen, sondern erst, wenn er Respekt und Achtung vor Ihnen hat und es bleiben lässt, weil er durch seine Verbundenheit mit Ihnen zu Gelassenheit und innerer Ruhe gefunden hat.

Der Hund kann bei den Lebensmitteln im Auto warten, während Sie einkaufen.

Wenn's eng wird

Vielleicht gehören Sie zu den Menschen, die gerne mal ein Schnäppchen machen und mit einer Lampe, einem neuen Teppich oder einem Kleinmöbelstück nach Hause kommen, obwohl das vorher so nicht geplant war. Aber bevor Sie Freude an dem neu erworbenen Teil haben können, gilt es, das gute Stück zu

transportieren. Sie stehen vor der Frage: Wohin mit dem Gegenstand im Auto, denn da ist ja noch der Hund?
Er wird sicherlich Verständnis für Sie haben, denn er kennt Sie ja mittlerweile nur zu gut. So faltet er seine Gliedmaßen an dem Fleckchen im Fahrzeug besonders platzsparend zusammen, das Sie ihm zuweisen, damit das neue Einrichtungsstück auch mitfahren kann. Gut möglich, dass er zunächst verwundert gucken wird, wenn die Rücklehnen umgelegt werden und er bei dieser Fahrt ausnahmsweise mal nicht neugierig aus dem Fenster schauen kann, weil der neue Perserteppich direkt über seinen Kopf hinweg quer durchs Auto verstaut wird. Aber er wird das Ihnen zuliebe mitmachen. Auch beim Umzug stört es ihn nicht, neben einem Karton zu sitzen, in dem die Pfannen und Töpfe leise vor sich hinklappern. Das ist ihm in jedem Falle lieber, als alleine das traute Heim zu hüten.

Kind und Hund nie allein im Auto lassen

Weiterhin sieht man immer wieder vor Supermärkten oder Banken, dass besonders Welpen oder Junghunde auf dem Rücksitz mit Kindern zusammen warten, während Mutti oder Vati »mal schnell« etwas erledigen. Das sollte unbedingt vermieden werden! Kinder und Hunde dürfen nie ohne Aufsicht beieinander sein. Viel zu leicht kann durch Verkettung unglücklicher Umstände etwas passieren. Selbst wenn ein optimal sozialisierter Hund »sein« Kind treu behütet und ein sehr liebevolles Verhalten an den Tag legt, so wird es von ihm nie als Autoritätsperson respektiert werden.
Umgekehrt kann ein Kind aus Unachtsamkeit oder weil ihm die nötige Um- und Weitsicht fehlt, durch sein Verhalten dem Hund ungewollt Schaden zufügen. Dies gilt immer und überall, ganz besonders im engen Innenraum eines Fahrzeuges, wo noch nicht einmal die Möglichkeit zum Ausweichen gegeben ist.

Bitte lassen Sie niemals Kinder und Hunde alleine im Auto!

Vorschriften beachten

Denken Sie bitte immer daran, Ihren Hund im Auto entsprechend den gesetzlichen Vorschriften zu befördern! Das ist für die Sicherheit von Mensch und Hund wichtig.

Auch mehrere Hunde lernen, gleichzeitig entspannt im Auto bei offener Klappe oder Türe zu warten. Egal, in welcher Situation.

Autopanne

Keiner wünscht es sich, und trotzdem ist niemand davor gefeit, dass ihn eine Autopanne ereilt. Immer dann, wenn man es am wenigsten gebrauchen kann. Der Schreck ist groß, und nach dem ersten Durchatmen stellt sich meist Hektik ein. Es gilt so vieles richtig zu machen – und dann ist da auch noch der Hund. Nehmen wir einmal an, Sie sind mit einer Reifenpanne liegen geblieben und Ihr Fahrzeug befindet sich auf dem Seitenstreifen der Autobahn. Um an das Warndreieck zu kommen, müssen Sie die Heckklappe öffnen, doch da sitzt Ihr Hund und wartet ebenso wie Sie darauf, dass er von hier endlich wegkommt. Spätestens jetzt ist klar, wie wichtig es ist, dass er gelernt hat, nur auf Ihr Kommando hin auszusteigen und so lange, wie Sie das für richtig erachten, auch bei geöffneter Klappe oder Türe, im Auto zu warten. Stimmt Ihre Beziehung zueinander, wird er das auch tun, egal ob Sie am Rande der Autobahn stehen oder daheim vorm Gartentor. Auch wenn Sie zusammen mit ihm längere Zeit am Straßenrand warten und unzählige Brummis an Ihnen vorbeidonnern, wird ihn das nicht erschüttern, denn Sie sind bei ihm, und damit ist für ihn alles gut. Die Lautstärke des vorbeirasenden Verkehrs wird ihn nicht davon abhalten, seine Aufmerksamkeit auf Sie zu richten. So haben Sie den Kopf frei, um gelassen zu agieren und über die nächsten Schritte zu entscheiden. Er wird zuverlässig an Ihrer Seite

sein. Auch im Abschleppwagen wird er die gleichen guten Manieren an den Tag legen, als wäre es Ihr eigenes Auto.
Befinden Sie sich noch in der Umstellungsphase und das Zusammenspiel klappt noch nicht zu 100 % reibungslos, hindern Sie ihn daran, ohne Ihr Okay aus dem Auto zu springen. Lassen Sie ihn Sitz oder Platz machen, je nachdem, was Sie in dieser Situation für das Beste halten, und legen Sie Ihrem Hund noch im Auto die Leine an. Erst danach darf er auf Ihr Kommando aussteigen. Dulden Sie nicht, dass er anfängt herumzubellen oder beim Weggehen vom Fahrzeug »vergisst«, dass er Fuß gehen soll.

Der Chef hat alles unter Kontrolle

Es sollte auch in so einer Situation absolut klar sein, dass Ihr Hund sich nach Ihnen zu richten hat und nicht umgekehrt. Bewahren Sie, auch wenn es vielleicht schwerfällt, den berühmten »kühlen Kopf«. Verfallen Sie durch den momentanen Stress in alte Handlungsmuster und reden evtl. beruhigend auf ihn ein oder zerren an der Leine herum, so müssen Sie damit rechnen, dass Sie seine Unsicherheit dadurch steigern und Öl ins Feuer gießen. Dies kann in so einer Situation schlimme Folgen haben. Reagieren Sie jedoch artgerecht, indem Sie unangemessenes Verhalten seitens des Hundes sofort konsequent unterbinden, kann er zur Ruhe kommen. Feste Regeln bieten ihm die Sicherheit, die er braucht. Müssen Sie gemeinsam mit dem Pannenfahrzeug weiterfahren, unterlassen Sie es, ihn liebevoll zu tätscheln, falls er Angst zeigen sollte. Dadurch bestärken Sie ihn in seiner Furcht vor der unbekannten Situation. Dies gilt für jede Form des Körperkontaktes, auch wenn Sie ihm nur vermeintlich beruhigend die Hand auf das Köpfchen legen oder ihn festhalten. Für Ihren Hund sollte gelten: »Wenn der Chef möchte, dass ich etwas tue oder unterlasse, so ist das gut und richtig – um alles andere brauche ich mich nicht zu kümmern, denn er hat alles im Griff.«
So, wie ein Oberhaupt in einem echten Rudel in Ausnahmesituationen, wenn Gefahr im Verzug ist, sagt, »wo es langgeht«, müssen Sie das als Mensch auch für Ihren Hund tun.
Kein Leitwolf käme auf die Idee, einem verängstigten Junghund mal gerade eben liebevoll das Fell zu lecken oder mit ihm zu diskutieren, wenn es darum geht, sich schnellstmöglich gemeinsam in Sicherheit zu bringen. Er sagt, was zu tun ist, und das Rudel folgt ohne Wenn und Aber. Die Führungsqualitäten des Chefs bedeuten Sicherheit, und dies wiederum bedeutet Überleben.

Auch bei Stresssituationen gilt: Der Chef hat alles unter Kontrolle.

Mit dem Hund unterwegs

Ihr Hund möchte mit Ihnen zusammen die Welt erobern. Dazu gehört, dass er gemeinsam mit Ihnen lernt, ihm unbekannte Situationen zu meistern. Die Welt ist schön, und damit das auch für die Menschen und Tiere so bleibt, denen Sie auf Ihren Wegen begegnen, ist klar, dass er sich zuverlässig an Ihren Anweisungen zu orientieren hat.

Für einen Hund ist es kein besonders lebenswertes Hundeleben, wenn er die meiste Zeit des Tages zu Hause herumliegt und lediglich eine Stunde pro Tag angeleint die Möglichkeit bekommt, sich die Beine zu vertreten und seine Notdurft zu verrichten. Im ländlichen Bereich kommt dazu noch die Variante »Garten« – ein Teil des Gartens wird abgetrennt und zum »Outdoor-Areal« für den Hund umfunktioniert, damit er Auslauf und frische Luft hat. Für ein sozial derart hochstehendes und emotional intelligentes Lebewesen wie den Hund ist es wichtig, ausreichend Möglichkeiten zur Begegnung mit Menschen und Artgenossen seiner weiteren Umwelt zu bekommen. Dazu gehört auch, dass er bereits in seiner Jugend mit unterschiedlichen Umweltreizen und damit auch den verschiedensten Situationen in Kontakt kommt, damit er zu einem souveränen Begleiter werden kann.

Dabei sein ist alles! Egal, wo – Hauptsache, man unternimmt es gemeinsam.

Das bedeutet nicht, dass Sie den Welpen in Rekordzeit mit allen nur denkbaren Verkehrsmitteln, Bodenbelägen, Geräuschkulissen etc. konfrontieren müssen. Damit ist vielmehr gemeint, dass Sie ihn in alle Alltagssituationen, die irgendwie möglich sind, von Anfang an mit einbeziehen. Er will dazugehören und freiwillig an Ihrer Seite bleiben, wenn er vom ersten Moment an artgerecht dazu angeleitet wird.

Wohnen Sie nicht in einem Mietshaus, in dem es normal ist, mit dem Fahrstuhl zu fahren, ist das kein Problem, dass sich die Gelegenheit dazu erst ergibt, wenn Sie irgendwann einmal in einem Hotel damit konfrontiert werden. Seine enge Beziehung zu Ihnen wird ihn dazu veranlassen, gelassen an Ihrer Seite in den Lift zu steigen und sich hier genauso manierlich zu benehmen wie überall sonst. Auch wenn die Wände verspiegelt sind und andere Hotelgäste zusteigen oder er deshalb beengt sitzen muss, weil Reinigungspersonal mitfährt und der große Wagen mit Bettwäsche und Putzmitteln zusätzlich den Platz knapp macht. Müssen Sie, weil Ihr Auto in der Werkstatt steht, ausnahmsweise auf Bus und Bahn ausweichen, hat er auch damit kein Problem. Sie können Ihren Hund ohnehin nicht auf jede einzelne Situation, jedes Geräusch usw., das ihm in seinem Leben begegnen wird, in den ersten Lebensmonaten vorbereiten, also sehen Sie das ganz entspannt: Machen Sie Ihren Alltag auch außerhalb Ihrer Wohnung zu seinem, und leiten Sie ihn artgerecht an. Dann sind Sie beide offen für die Herausforderungen des gemeinsamen Lebens.

Der Hund in urbaner Umwelt

Die Errungenschaften der modernen Zivilisationsgesellschaft stellen uns Hundehalter vor eine große Herausforderung: Zum einen braucht der Hund ausreichend Möglichkeiten zur Bewegung in einem möglichst natürlichen Umfeld, zum anderen kommen wir nicht umhin, ihm abzuverlangen, dass er sich auf eine Art und Weise an unseren Lebensraum anpasst, wie es so in freier Natur nicht vorge-

Soziale Wesen

Die soziale Leistungsfähigkeit unserer Hunde, sich in unser zivilisiertes Leben einzugliedern, sollten wir aufrichtig anerkennen und das unsere dazu tun, dass sie sich darin rundherum wohl und aufgehoben fühlen.

Ein sichtlich relaxtes Mensch-Hund-Team in urbaner Umwelt.

sehen ist. Dass unsere Hunde dazu in der Lage sind, dies zu tun, ist eine beachtliche Leistung und ein Indiz dafür, wie hoch entwickelt ihre emotionale und soziale Leistungsfähigkeit ist. Unsere Aufgabe ist es, durch die Erziehung und damit auch Entwicklungsförderung unseres Hundes dafür zu sorgen, dass dies gelingt.

Wir haben aber nicht nur ihm gegenüber die Verantwortung, ihn zu integrieren, sondern auch unseren Mitmenschen gegenüber. Sind wir nämlich für unseren Hund kein ehrenwerter Rudelchef, dem zuliebe er sich wohlgesittet benimmt, steigt damit auch das Risiko für alle Menschen und Tiere, denen er begegnet.

Durch artgerechten Beziehungsaufbau können Sie sich jederzeit auf Ihren Hund verlassen.

Sind wir mit ihm unterwegs auf Feld und Flur, muss er akzeptieren, dass er auf ein Wort von uns jederzeit zurückkommen muss und es, wie in einem natürlichen Rudelverband auch, ohne das Signal zur Jagd keine noch so kleinen und lustigen Jagdspiele gibt. Sind wir mit ihm z. B. im Straßenverkehr unterwegs oder in Gebieten mit Leinenpflicht, muss er, obwohl das in der Natur auf diese Weise nicht vorkommt, in dem Abstand (ohne zu ziehen) konsequent an unserer Seite laufen, den wir als »bei Fuß« bezeichnen, und sich, sobald wir stehen bleiben, neben uns setzen. Gibt es hier in irgendeiner Form Probleme, hat das lediglich einen einzigen Ursprung: Der Hund ist nicht bereit, sein Handeln freiwillig nach unseren Wünschen auszurichten und zu folgen, denn die Beziehung ist nicht stark genug oder fehlt komplett. Dies gilt auch für Situationen, in denen er glaubt, andere lautstark anbellen zu müssen, oder anderweitiges Fehlverhalten an den Tag legt.

Die Konzentrationsübung in verschiedenen Umsetzungen

Nutzen Sie die gemeinsame Zeit im Freien schon in den ersten Tagen, um mit Ihrem Schützling die Konzentrationsübung durchzuführen. So lernt er bereits zu Beginn Ihres gemeinsamen Lebens, seine Konzentration auf Sie zu lenken und nach und nach zu verlängern. Sobald er auch das Kommando »Platz« auf artgerechte Weise gelernt hat, haben Sie damit die wichtigsten Grundelemente erarbeitet, die Ihnen besonders im Freien wichtige Dienste leisten. Er hat gelernt, auf Ihr Wort zu Ihnen zu kommen und bei Ihnen zu sitzen oder zu liegen, solange Sie es für richtig halten. Auch weiß er, dass er Ihnen zu folgen hat. Eine zusätzliche Erleichterung ist die Tatsache, dass er gleichzeitig gelernt hat, trotz der Distanz zu Ihnen auf Ihren Wunsch hin »Sitz« zu machen und zu bleiben, solange Sie das möchten.
Achten Sie bitte darauf, möglichst frühzeitig damit zu beginnen, die Konzentrationsübung »Sitz« dahingehend zu erweitern und auszubauen, dass der Hund das Gehen an der Leine und damit »bei Fuß« kennenlernt. Sobald die

Durchführung der Konzentrationsübung »Sitz« zuverlässig klappt, können Sie ihn im Anschluss daran in der Sitzposition anleinen. Stellen Sie sich neben ihn, nennen das Kommando »Fuß« und gehen zügig einige Schritte geradeaus. Sobald Sie stehen bleiben, lassen Sie den Hund auf Ihr Kommando hin neben sich sitzen. Da der Hund dadurch kontrollierbar ist, wenn er gelernt hat, immer aus der Bewegung heraus in die Sitzposition zu wechseln, haben Sie damit einen Sicherheitsfaktor eingebaut, der Ihnen zugute kommt, wenn Sie z. B. im Straßenverkehr oder in Menschenansammlungen unterwegs sind. Das haben Sie sich doch sicher so gewünscht, als Sie ihn zu sich geholt haben oder?
Sobald Ihre Beziehung gefestigt ist, können Sie Situationen, die für viele Hundehalter eine Herausforderung darstellen, stressfrei meistern. Sie haben immer die freie Wahl zu entscheiden, was geschehen soll, und sind nicht abhängig von irgendwelchen Hilfsmitteln. Das einzig Wichtige haben Sie sowieso immer dabei: die unsichtbare Leine des Vertrauens, die Sie und Ihren Hund verbindet!

Entspannt durch den Familienalltag, auch wenn man mit Kindern und Hund unterwegs ist.

Entspannte Begegnungen – stressfreier Alltag

Begegnen Sie bei Ihren Ausflügen ins Grüne Joggern oder Radfahrern, lassen Sie Ihren Vierbeiner sitzen, bis diese an Ihnen vorbei sind. Danach kann Ihr Hund wieder seine Freiheit genießen und frei laufen. Treffen Sie vierbeinige Artgenossen, können Sie entspannt mit den anderen Hundehaltern plaudern,

In jeder Situation relaxt durch die Freizeit – auch beim Joggen.

Reiter freuen sich, wenn sie wohlerzogenen Hunden begegnen.

während die Hunde spielen, denn Sie wissen: Ein Wort von Ihnen genügt, und er kommt zu Ihnen. Läuft Ihr Hund beim Spazierengehen einige Meter vor Ihnen und Sie sehen Spaziergänger auf sich zukommen, können Sie ihn aus der Distanz heraus sitzen oder hinlegen lassen, je nachdem, was Ihnen persönlich lieber ist – oder aber auch »bei Fuß« rufen. Die Spaziergänger werden es zu schätzen wissen und sich freuen, dass sie unbeschnuppert weitergehen können. Besonders groß ist die Freude bei jungen Muttis, die einen Kinderwagen schieben. Die Sorge, dass ein unerzogener oder gefährlicher Hund dem Baby oder Kleinkind Schaden zufügen könnte, ist häufig groß – man hört ja immer wieder davon in den Medien. Hier ist die Erleichterung meist deutlich zu erkennen, wenn der Vierbeiner sich ohne viel Aufhebens kontrollieren lässt. Gleiches gilt bei Reitern, die uns hoch zu Ross begegnen. Sie gehören auch zu denjenigen Mitmenschen, die auf das Kennenlernen eines ungehorsamen Hundes keinen großen Wert legen und sich freuen, wenn unser Hund sich entspannt am Wegesrand hinsetzt und sie vorüberlässt.

Da Ihr Hund gesittet »bei Fuß« geht, können Sie ihn auch zum Einkaufen mitnehmen oder, falls Sie selbst ein Baby haben, neben dem Kinderwagen herlaufen lassen. Egal, ob Ihr Hund vor einem Kleiderständer oder der Umkleidekabine liegt und auf Sie wartet, bis Sie die neue Herbst-/Winterkollektion durchprobiert haben, oder an Ihrer Seite sitzt, wenn Sie unterwegs Bekannte treffen, mit denen Sie spontan ausgiebig plaudern möchten – er wird unauffällig und gelassen bleiben. Das ändert sich auch nicht, wenn Ihnen auf Ihrem gemeinsamen Weg Rollstuhlfahrer oder andere Menschen mit Bewegungshilfen begegnen. Selbst wenn neben Ihnen ein Motorrad anhält und der Fahrer in voller Ledermontur und Helm absteigt: Ihr Hund bleibt an Ihrer Seite und begleitet Sie entspannt durch jeglichen Trubel – als Ihr Partner auf vier Pfoten!

Nichts wird gejagt!

Zu den unerwünschten Verhaltensweisen, die viele Vierbeiner an den Tag legen, sobald sie auf dem Spaziergang zwischen Wäldern und Wiesen von der Leine gelassen werden und damit die Hundehalter schier zur Verzweiflung bringen, gehört das Jagen. Bei genauer Betrachtung wird allerdings nur selten tatsächlich mit Tötungsabsicht gejagt, sondern einfach hinter allem hergerannt, was sich schnell im Blickfeld des Hundes bewegt. Richtiges Jagen muss gelernt werden und kommt bei geretteten Hunden aus dem Ausland, die sich vorher selbst versorgen mussten, eher vor als bei Hunden, die in unserer Familie groß geworden sind. Hierbei spielt häufig ein nicht ausreichend befriedigtes Laufbedürfnis die größere Rolle.

Solche von ohnmächtigen Hundehaltern gerne als »Ausrutscher« verharmlosten, bei der Rückkehr des Hundes auch noch mit Leckerlis belohnten immer wiederkehrenden Renn-Episoden sind absolut gefährlich! Unzählige Hunde lassen jedes Jahr ihr Leben, wenn sie in hohem Tempo in ein Auto laufen, weil sie in dem Moment etwas ganz anderes im Blickfeld hatten. Ganz zu schweigen von dem Schaden, der den darin verwickelten Verkehrsteilnehmern entsteht. Rennt ein hoch motivierter Vierbeiner z. B. hinter einem Hasen her, der geschickt über die Straße huscht, spielt es für ihn nicht die geringste Rolle, ob sich ein Fahrzeug nähert. Nimmt das Häschen seinen Weg durch den Wald, muss damit gerechnet werden, dass evtl. ein Jäger dem Treiben ein Ende setzt. Auch unterscheiden Hunde oft nicht, ob sie echtem Wild hinterherjagen oder dem unschuldigen Jogger oder Radfahrer folgen, wenn ihnen der Sinn danach steht. Besonders kleine Kinder, die noch wenig Erfahrung beim Fahrradfahren haben, sind schnell überfordert mit so einer Situation und erschrecken gewaltig.

So weit darf es einfach nicht kommen. Wer ehrlich zu sich selbst ist, wird sich eingestehen, dass er selbst es auch nicht möchte, wenn er von einem fremden Hund in eine beängstigende Situation gebracht wird. Deshalb sollten wir mit gutem Beispiel vorangehen und solche Eigenmächtigkeiten unseres Hundes gar nicht erst aufkommen lassen. Dies ist ganz nebenbei auch noch dem Image von uns Hundehaltern zuträglich.

Nicht die Rasse entscheidet, ob gejagt wird, sondern der »Chef«.

Der Mensch in der Verantwortung

Wer einen Hund zu sich holt, trägt nicht nur die Verantwortung für dessen Wohlergehen, sondern auch dafür, dass durch den Vierbeiner niemand zu Schaden kommt. Und das beginnt schon damit, dass man als Hundehalter dafür Sorge zu tragen hat, dass Mitmenschen durch das Verhalten des Hundes nicht erschreckt werden. Aber auch andere Tiere wie Wiesenbrüter, Pferde, Hasen, Rehe etc. müssen davor bewahrt werden. Sie haben das gleiche Recht wie unsere Hunde, ein glückliches Leben zu führen, ohne von einem Hund in Angst und Schrecken versetzt zu werden!

»Wohin gehen wir jetzt?« Nur der Hundehalter kann das entscheiden.

Das konsequente Führen eines Hundes an der Leine ist keine Lösung, denn damit wird das Bewegungsbedürfnis des Hundes, der ein Lauftier ist, in keiner Weise ausreichend befriedigt. Selbst dann nicht, wenn er regelmäßig neben dem Rad herläuft, denn die Bewegungsabläufe beim Freilauf sind andere, und auch das Bedürfnis, die Welt mit der Schnauze zu erkunden, und die täglichen »Geschäfte« wollen in aller Ruhe erledigt werden. Der Ausweg aus dem Dilemma beginnt damit, dass der Mensch umdenkt. Er muss erkennen, warum der Hund sich so verhält. Der Vierbeiner »dampft ab« ohne die Erlaubnis seines Chefs und kommt auch nicht auf dessen Rufen zurück. Damit ist klar: Hund und Mensch leben nebeneinander, aber nicht in einer vertrauensvollen Beziehung zueinander. Beide können einander nicht 100%ig vertrauen. Würde der Hund den Menschen als echte Autorität erkennen, käme er gar nicht auf die Idee, unaufgefordert das Rudel zu verlassen, so wie es in der Natur normalerweise ist. Unerlaubtes Entfernen und Fernbleiben vom Rudel ist ein Tabu! Tut der Hund das doch, hat der Mensch ihm vorenthalten, das zu lernen, und Wichtiges bei der Erziehung übersehen. Hier zeigt sich besonders, ob Herrchen oder Frauchen bereits vom ersten Tag an die natürliche Erziehungsphilosophie des Altrüden umgesetzt hat: »Wehret den Anfängen!« Darf der Welpe ungehindert hinter allem herrennen, was er für interessant hält, und auch nach Mäusen usw. buddeln, sind die Weichen bereits falsch gestellt. Durch die Leckerli-Belohnung nach der Rückkehr des Hundes wird dessen Vertrauensbruch auch noch zusätzlich bestärkt. Gleiches gilt, wenn der Hund nicht vom ersten Tag an lernt, dass er auf unser Rufen zu kommen hat.

Den Freilauf genießen

Führen Sie schon zu Beginn die Konzentrationsübung regelmäßig mit Ihrem Hund durch, lernt er dabei auch, zu Ihnen zu kommen und sich vor Sie zu setzen. Bis er in die Pubertät kommt, hat er verinnerlicht, dass er sich immer und überall ausschließlich an Ihnen zu orientieren hat und alles andere unwichtig ist. So kann er ein Hundeleben lang den Freilauf bei jeder erdenklichen Möglichkeit genießen, denn das Zusammenspiel klappt selbst dann reibungslos, wenn plötzlich eine Rehherde auftaucht oder der allzu kecke Hoppelhase vor Ihrem Hund aus dem hohen Gras springt. Auch erwachsene Hunde lernen, sobald der Mensch die artgerechte Beziehungsarbeit konsequent mit ihm umsetzt, zuverlässig, Jagdausflüge bleiben zu lassen und an der Seite von Herrchen und Frauchen zu bleiben bzw. auf das entsprechende Kommandowort zu kommen oder sich aus der Bewegung heraus hinzusetzen oder hinzulegen – je nachdem, was der Mensch für das Beste in der jeweiligen Situation hält. Ohne Reizstromgerät, Schleppleine usw., lediglich mit der unsichtbaren Leine des Vertrauens zwischen dem Menschen und seinem treuen vierbeinigen Partner.

Geben wir also dem Hund größtmöglichen Freiraum, indem wir ihm in jeder Situation ein ehrwürdiges Vorbild sind. Ein Hundeleben lang.

Ist die Beziehung gefestigt, hat Ihr Hund den größtmöglichen Freiraum.

Hundegebet

Lieber Himmelhund,
ich will wie rechtschaffene Hunde heißen
Und nicht Rambo, Müntefering, Dr. Klöbner oder Tyson,
Weil der Mensch es für unglaublich originell und witzig hält,
Wenn er uns vermenschlicht
und sich zugleich hoch über uns stellt:
»Ihr da unten – ich hier oben. Ich werf' und ihr holt den Stock!«
Menschen brauchen Katzen, Vögel, immer einen Underdog.
Menschen woll'n immer Gefang'ne,
Menschen sind immer die Schließer
Die Verhätschler, die Verhöhner, die Streichler,
die Krauler und die Blutvergießer.
Lieber Hund im Himmel, gib mir meine Würde zurück
und 'nen richt'gen Hundenamen!
Amen!

Reinhard Mey »Hundegebet«
aus: »Nanga Parbat«

Literaturverzeichnis

BIRR, URSULA, KRAKAUER, GERALD & OSIANDER, DANIELA: Abenteuer Hund, Vgs Verlagsgesellschaft, Köln, 2000

EIBL-EIBELSFELDT, IRENÄUS: Grundrisse der vergleichenden Verhaltensforschung, Piper Verlag, München, 1999

KAISER, HERMANN: Ein Hundeleben, Stiftung Museumsdorf Cloppenburg, Cloppenburg, 1994

Köppel, Uli: Das Rudelkonzept, Knaur Verlag, München, 2003

KÖPPEL, ULI: Hunde verstehen mit dem Rudelkonzept, Cadmos Verlag, Brunsbek, 2007 (auch als DVD lieferbar)

KÖPPEL, ULI: Von Hunden und Menschen, Augustus Verlag, Augsburg, 2002

Köppel, Uli: Welpen richtig erziehen, BLV Verlag, München, 2008

LORENZ, KONRAD: So kam der Mensch auf den Hund, dtv-Verlag, München, 1993

TRUMLER, EBERHARD: Das Jahr des Hundes, Kynos Verlag, Mürlenbach, 1997

TRUMLER, EBERHARD: Der schwierige Hund, Kynos Verlag, Mürlenbach, 2000

TRUMLER, EBERHARD: Ein Hund wird geboren, Kynos Verlag, Mürlenbach, 1997

TRUMLER, EBERHARD: Hunde ernst genommen, Piper Verlag, München, 2000

TRUMLER, EBERHARD: Meine Tiere, deine Tiere, Piper Verlag, München, 1976

TRUMLER, EBERHARD: Meine wilden Freunde, neu aufgelegt im Eigenverlag Erika Trumler, 2002

TRUMLER, EBERHARD: Mensch und Hund, Kynos Verlag, Mürlenbach, 1988

TRUMLER, EBERHARD: Trumlers Ratgeber für den Hundefreund, Piper Verlag, München, 1988

TRUMLER, ERIKA: Von Hunden und Pferden, Kynos Verlag, Mürlenbach, 2001

WEGNER, WILHELM: Kleine Kynologie, Terra Verlag, Konstanz, 1995

WIPPERMANN, WOLFGANG: Die Deutschen und ihre Hunde, Goldmann Verlag, München, 1999

Stichwortverzeichnis

Über den Autor

Uli Köppel studierte Medizin und war über 20 Jahre lang Freund und Mitarbeiter des weltweit bekannten Hundeverhaltensforschers Eberhard Trumler. Seit dessen Tod führt er eigenständig diese Arbeit fort, gibt Hunde-Seminare, hält Vorträge und legt den Schwerpunkt seiner Arbeit auf eine ausgeglichene Mensch/Hund-Beziehung. Hierzu entwickelte er das Rudelkonzept zur artgerechten Hundeerziehung. www.uli-koeppel.de

Bibliografische Information der Deutschen Nationalbibliothek

Die Deutsche Nationalbibliothek verzeichnet diese Publikation in der Deutschen Nationalbibliografie; detaillierte bibliografische Daten sind im Internet über http://dnb.d-nb.de abrufbar.

BLV Buchverlag GmbH & Co. KG
80797 München

Bildnachweis
Alle Bilder Astrid Englmeier und Uli Köppel, außer
Blickwinkel/B. Rainer: 650; Blickwinkel/U. Walz: 14; Edition Boiselle/U. Neddens: 6/7, 52/53; Juniors Bildarchiv: 91, 98; Reinhard: 94; Schulz: 12, 17, 19, 20, 24, 330, 57, 76; Stuewer: 101

Umschlagfotos: Astrid Englmeier

Lektorat: Dr. Friedrich Kögel, Dr. Eva Dempewolf
Herstellung: Angelika Tröger
DTP: Satz+Layout Peter Fruth GmbH, München

Gedruckt auf chlorfrei gebleichtem Papier
Printed in Germany · ISBN 978-3-8354-0635-3

Hinweis
Das vorliegende Buch wurde sorgfältig erarbeitet. Dennoch erfolgen alle Angaben ohne Gewähr. Weder Autor noch Verlag können für eventuelle Nachteile oder Schäden, die aus den im Buch vorgestellten Informationen resultieren, eine Haftung übernehmen.